新型职业农民培育系列教材

测土配方施肥新技术

梁新华　王亮军　赵明双　主编

中国林业出版社

图书在版编目(CIP)数据

测土配方施肥新技术 / 梁新华，王亮军，赵明双主编. — 北京 ：中国林业出版社，2016.6
新型职业农民培育系列教材
ISBN 978-7-5038-8611-9

Ⅰ. ①测… Ⅱ. ①梁… ②王… ③赵… Ⅲ. ①土壤肥力—测定—技术培训—教材②施肥—配方—技术培训—教材 Ⅳ. ①S158.2②S147.2

中国版本图书馆 CIP 数据核字(2016)第 158420 号

出　版 中国林业出版社（100009　北京市西城区德内大街刘海胡同 7 号）
E-mail Lucky70021@sina.com　**电话**（010)83143520
印　刷 北京市文星印刷厂
发　行 中国林业出版社总发行
印　次 2016 年 7 月第 1 版第 1 次
开　本 850mm×1168mm　1/32
印　张 7.5
字　数 200 千字
定　价 25.00 元

前　言

农谚说得好:“有收无收在于水,多收少收在于肥。”测土配方施肥技术在促进粮食增产、农业增效、农民增收、农田节肥方面发挥了巨大作用,对推动农业的可持续发展,提高耕地综合生产能力,保证粮食安全具有十分重要的意义。但长期以来,由于农民无定量施肥、单一施肥、过量施肥等不合理施肥方法,对农业生产、生态环境和人类健康带来了一定的影响,本书分析了目前施肥存在的主要问题并提出了科学的施肥措施。

本书在编写时力求以能力本位教育为核心,语言通俗易懂,简明扼要,注重实际操作。主要介绍了测土配方施肥的基础知识、测土配方施肥的方法、测土配方施肥的实施、测土配方施肥常用肥料、肥料的市场营销、主要作物的施肥技术等内容,可作为农民及农业科技人员的培训教材。

编　者

目　　录

模块一　测土配方施肥的基础知识

第一节　测土配方施肥概述

近年来，我国农作物生产发生了巨大的变化，一是播种面积稳中有升，种植结构发生了深刻改变，特别是设施栽培发展更为迅速。尽管如此，我国农产品生产经营状况仍然是基础设施差，机械化水平低，产业化程度不高。目前主要是靠扩大种植面积来保市场、保消费。鉴于我国农田严重不足，今后不可能大幅度增加种植面积，那么发展的必然趋势只能是稳定现有种植面积，加强科技投入，加快实现经济增长方式由粗放型向集约型的转变。因此，加大标准化农产品建设的力度，用科学技术武装农民和科技人员是提高农作物生产水平的重要措施，而对农田进行测土配方施肥又是建设标准化农田的重要科技手段之一。

一、测土配方施肥的含义

测土配方施肥是农作物生产用肥技术上的一项革新，也是农业产业发展的必然产物。

测土配方施肥就是综合运用现代农业科技成果，以土壤测试和肥料田间试验为基础，根据农作物需肥规律、土壤供肥性能和肥料效应，在合理施用有机肥料的前提下，提出氮、磷、钾及中量元素和微量元素的适宜用量和比例、施用时期，以及相应的施肥技术。通俗地讲，就是在农业科技人员的指导下科学施用配方肥。测土配方施肥技术的核心是调节和解决农作物需肥和土壤供肥之间的矛盾。

二、测土配方施肥的基本内容

测土配方施肥来源于测土施肥和配方施肥。测土施肥是根据土壤中不同的养分含量和作物吸收量来确定施肥量的一种方法。测土施肥本身包括有配方施肥的内容，并且得到的“配方”更确切、更客观。配方施肥除了进行土壤养分测定外，还要根据大量田间试验获得肥料效应函数等，这是测土施肥所没有的内容。配方施肥和测土施肥具有共同的目的，只是侧重面有所不同，所以也概括称为测土配方施肥。测土配方施肥的基本内容包括土壤养分测定、施肥方案的制订和正确施用肥料三部分。具体又可分为土壤养分测定、配方设计、肥料生产、正确施肥等技术要点。

第二节　测土配方施肥的目的和意义

肥料及其科学施用技术是农业生产发展的重要技术支撑。化肥工业的发展和施肥技术的应用，对加快农业生产发展，确保农产品供给、促进农民增收发挥了重要作用。推广应用测土配方施肥技术，不但有利于在耕地面积减少、水资源约束趋紧、化肥价格居高不下、粮价上涨空间有限的条件下，促进增粮增收目标的实现，而且有利于加强以耕地产出能力为核心的农业综合生产能力的建设。搞好测土配方施肥、提高科学施肥水平，不仅是促进粮食稳定增产、农民持续增收的重大举措，也是节本增效、提高农产品质量的有力支撑，更是加强生态环境保护、促进农业持续发展的重要条件。推广应用测土配方施

肥技术在当前解决我国“三农”问题中的作用主要表现在：提高肥料利用率、提高作物产量、改善农产品品质、培肥地力保障农业持续发展、保护环境、节支增收等。

一、增加产量

提高作物产量、增加施肥效益是测土配方施肥的首要目的。配方施肥增加产量有三种形式：①调肥增产。即在不增加化肥投资的前提下，调整化肥中氮、磷、钾及微肥的比例，纠正偏施，提高产量。②减肥增产。即在经济比较发达、以高肥换高产、施肥经济效益低的地区，适当减少某一肥料的用量，能取得增产或平产的效果。③增肥增产。即在化肥施用量水平很低或单施一种养分肥料的地区，农作物产量未达到最大利润施肥点或者土壤最小养分已成为限制作物产量提高的因子，适当提高肥料用量或配施某一养分元素肥料，即可大幅度增加作物产量。

二、提高土壤肥力

矫正偏施、克服土壤障碍因子、提高土壤肥力是配方施肥的重要内容。配方施肥能培肥地力，维持土壤的持续生产力。配施微量元素能消除土壤障碍因子，克服生理病害。如油菜缺硼“花而不实”、棉花缺硼“蕾而不花”、水稻缺锌僵苗、玉米缺锌花白苗以及冬小麦缺钼黄化死苗等土壤养分不足导致的作物营养失调问题，均可通过施用相应肥料来解决。

三、提高产品品质

根据土壤供肥能力和作物需肥特性来进行配方施肥，不仅能大幅度提高作物产量，而且能明显改善产品品质。大量的研究和生产实践表明，测土配方施肥能提高食品中矿物质含量；

提高蔬菜、瓜果中维生素C、可溶性糖的含量及其他营养物质含量，降低蔬菜硝酸盐含量；提高棉花衣分、绒长和铃重，减少蕾、铃脱落。

四、提高资源利用效率

利用农作物肥料效应回归方程，可以比较不同作物、土壤的肥效，为区域间、作物间合理分配有限肥源提供确切的依据，对指导地区间、作物间肥料的分配具有重要的作用，并指导轮作制度中肥料在各种作物上的分配。如油—稻—稻轮作制中，通过建立早稻、晚稻及油菜的肥料效应函数，提出肥料分配上强调“早稻磷、晚稻钾、油菜硼磷钾”技术。测土配方施肥技术的应用有利于农业资源综合利用能力建设，不断促进农业综合生产能力的提高。

五、保护环境

测土配方施肥技术的推广应用能最大限度地满足作物对科学施肥技术的需求，降低生产成本，提高耕地质量，减少土壤和水源污染，实现农业可持续发展。

六、保护农民利益

测土配方施肥技术的推广应用有利于进一步稳定和规范农资市场，能有效地遏制假劣肥料坑农害农现象的发生。

第三节　测土配方施肥的意义和现状

测土配方施肥不同于一般的“项目”或“工程”，它是一项长期的、基础的工作，是直接关系到农作物稳定增产、农民收入稳步增加、生态环境不断改善的一项“日常”性工作。测

土配方施肥工作不仅仅是一项简单的技术工作，它是由一系列理论、方法、技术、推广模式等组成的体系，只有社会各有关方面都积极参与，各司其职，各尽所能，才能真正推进测土配方施肥工作的开展。农业技术推广体系单位要负责测土、配方、施肥指导等核心环节，建立技术推广平台；测土配肥试验站、肥料生产企业、肥料销售商等搞好配方肥料生产和供应服务，建立良好的生产和营销机制；科研教学单位要重点解决限制性技术或难题，不断提升和完善测土配方施肥技术。

从20世纪80年代开始示范推广测土配方施肥以来，经过大量的试验、示范及推广，形成了日趋成熟和完善的“测土—配方—生产—供肥—技术指导”全方位一条龙系列化服务体系，取得了显著的经济、社会及生态效益。但由于人们普遍认为“老技术年年搞，缺乏新意和创新”，最近几年投入越来越少，缺乏推广力度和资金支持，使该项技术推广进度缓慢。施肥结构不合理，施肥中“三重三轻”（重氮磷肥轻钾肥、重化肥轻有机肥、重大量元素轻微量元素）现象在较大范围内突出，导致化肥利用率和贡献率逐年降低。

第四节　测土配方施肥应遵循的原则

一、有机与无机相结合的原则

实施配方施肥必须以有机肥料为基础，土壤有机质是土壤肥沃程度的重要指标。增施有机肥可以增加土壤有机质含量，改善土壤理化生物性状，提高土壤保水保肥能力，增加土壤微生物的活性，促进化肥利用率的提高。因此，必须坚持多种形式的有机肥料投入，才能够培肥地力，实现农业可持续发展。

二、大量、中量、微量元素相配合的原则

各种营养元素的配合是配方施肥的重要内容，随着产量的不断提高，在耕地高度集约利用的情况下，必须进一步强调氮、磷、钾肥的相互配合，并补充必要的中量、微量元素，才能获得高产稳产。

三、用地与养地相结合，投入与产出相平衡的原则

要使作物—土壤—肥料形成物质与能量的良性循环，必须坚持用养结合，投入产出相平衡。否则，破坏或消耗了土壤肥力，就意味着降低了农业再生产的能力。

第五节　测土配方施肥的原理

一、测土配方施肥的含义

测土配方施肥是以肥料田间试验、土壤测试为基础，根据作物需肥规律、土壤供肥性能和肥料效应，在合理施用有机肥料的基础上，提出氮、磷、钾及中量、微量元素等肥料的施用品种、数量、施肥时期和施用方法。通俗地讲，就是在农业科技人员指导下科学施用配方肥。测土配方施肥技术的核心是调整和解决作物需肥与土壤供肥之间的矛盾。同时有针对性地补充作物所需的营养元素，作物缺什么元素就补充什么元素，需要多少补充多少，实现各种养分平衡供应，满足作物的需要。达到增加作物产量、改善农产品品质、节省劳力、节支增收的目的。

二、应用前景

土壤有效养分是作物营养的主要来源，施肥是补充和调节土壤养分数量与补充作物营养最有效手段之一。作物因其种类、品种、生物学特性、气候条件以及农艺措施等诸多因素的影响，其需肥规律差异较大。因此，及时了解不同作物种植土壤中的土壤养分变化情况，对于指导科学施肥具有广阔的发展前景。

测土配方施肥是一项应用性很强的农业科学技术，在农业生产中大力推广应用，对促进农业增效、农民增收具有十分重要的作用。通过测土配方施肥的实施，能达到五个目标：一是节肥增产。在合理施用有机肥的基础上，提出合理的化肥投入量，调整养分配比，使作物产量在原有基础上能最大限度地发挥其增产潜能。二是提高产品品质。通过田间试验和土壤养分化验，在掌握土壤供肥状况、优化化肥投入的前提下，科学调控作物所需养分的供应，达到改善农产品品质的目标。三是提高肥效。在准确掌握土壤供肥特性，作物需肥规律和肥料利用率的基础上，合理设计肥料配方，从而达到提高产投比和增加施肥效益的目标。四是培肥改土。实施测土配方施肥必须坚持用地与养地相结合、有机肥与无机肥相结合，在逐年提高作物产量的基础上，不断改善土壤的理化性状，达到培肥和改良土壤，提高土壤肥力和耕地综合生产能力，实现农业可持续发展。五是生态环保。实施测土配方施肥，可有效地控制化肥特别是氮肥的投入量，提高肥料利用率，减少肥料的面源污染，避免因施肥引起的富营养化，实现农业高产和生态环保相协调的目标。

三、测土配方施肥的依据

1. 土壤肥力是决定作物产量的基础

肥力是土壤的基本属性和质的特征，是土壤从养分条件和环境条件方面，供应和协调作物生长的能力。土壤肥力是土壤的物理、化学、生物学性质的反映，是土壤诸多因子共同作用的结果。农业科学家通过大量的田间试验和示踪元素的测定证明，作物产量的构成，有40%～80%的养分吸收自土壤。养分吸收自土壤比例的大小和土壤肥力的高低有着密切的关系，土壤肥力越高，作物吸自土壤养分的比例就越大，相反，土壤肥力越低，作物吸自土壤的养分越少，那么肥料的增产效应相对增大，但土壤肥力低绝对产量也低。要提高作物产量，首先要提高土壤肥力，而不是依靠增加肥料。因此，土壤肥力是决定作物产量的基础。

2. 测土配方施肥的主要原则

有机与无机相结合，大、中微量元素相配合，用地和养地相结合是测土配方施肥的主要原则。实施配方施肥必须以有机肥为基础，土壤有机质含量是土壤肥力的重要指标。增施有机肥可以增加土壤有机质含量、改善土壤理化生物性状、提高土壤保水保肥性能、增强土壤活性、促进化肥利用率的提高，各种营养元素的配合才能获得高产稳产。要使作物—土壤—肥料形成物质和能量的良性循环，必须坚持用养结合，投入产出相对平衡，保证土壤肥力的逐步提高，达到农业的可持续发展。

3. 测土配方施肥的理论依据

测土配方施肥是以养分归还学说、最小养分律、同等重要律、不可代替律、肥料效应报酬递减律和因子综合作用律等为理论依据，以确定不同养分的施肥总量和肥料配比为主要内容。同时注意良种、田间管护等影响肥效的诸多因素，形成了测土配方施肥的综合资源管理体系。

（1）养分归还学说。作物产量的形成有40%～80%的养分来自土壤。但不能把土壤看作一个取之不尽、用之不竭的“养分

库”。为保证土壤有足够的养分供应容量和强度，保证土壤养分的携出与输入间的平衡，必须通过施肥这一措施来实现。依靠施肥，可以把作物吸收的养分“归还”土壤，确保土壤肥力。

（2）最小养分律。作物生长发育需要吸收各种养分，但严重影响作物生长、限制作物产量的是土壤中那种相对含量最小的养分因素，也就是最缺的那种养分。如果忽视这个最小养分，即使继续增加其他养分，作物产量也难以提高。只有增加最小养分的量，产量才能相应提高。经济合理的施肥是将作物所缺的各种养分同时按作物所需比例相应提高，作物才会优质高产。

（3）同等重要律。对作物来讲，不论大量元素或微量元素，都是同样重要缺一不可的，即使缺少某一种微量元素，尽管它的需要量很少，仍会影响作物某种生理功能而导致减产。微量元素和大量元素同等重要，不能因为需要量少而忽略。

（4）不可替代律。作物需要的各种营养元素，在作物体内都有一定的功效，相互之间不能替代，缺少什么营养元素，就必须施用含有该元素的肥料进行补充，不能互相替代。

（5）肥料效应报酬。随着投入的单位劳动和资本量的增加，报酬的增加却在减少，当施肥量超过适量时，作物产量与施肥量之间单位施肥量的增产会呈递减趋势。

（6）因子综合作用律。作物产量的高低是由影响作物生长发育诸因素综合作用的结果，但其中必有一个起主导作用的限制因子，产量在一定程度上受该限制因素的制约。为了充分发挥肥料的增产作用和提高肥料的经济效益，一方面，施肥措施必须与其他农业技术措施相结合，发挥生产体系的综合功能；另一方面，各种养分之间的配合施用，也是提高肥效不可忽视的问题。

模块二　测土配方施肥的方法

第一节　测土配方施肥方案的制订与实施

一、测土配方施肥方案的制订

测土配方施肥是一项新的施肥技术，技术要求高、涉及的范围广，在制订方案的过程中应重点抓好以下几个环节。

（一）收集资料

收集资料是测土配方施肥的基本工作，只有掌握了各种资料和有关参数，才能确定适合当地情况的配方方法。确定配方方法所需要的资料很多，要尽量收集以备选用。收集的资料应包括：作物的种类和产量、施肥水平、施肥的种类和方法，同时取土壤样品进行分析化验。蔬菜配方施肥方案制订应收集的资料见表 2-1，果树配方施肥方案制订应收集的资料见表 2-2。

表 2-1　蔬菜测土配方施肥方案制订应收集的资料

<table>
<tr><td>农户：</td><td>地块：</td><td>地点：</td><td>面积：</td><td>设施种类：</td></tr>
<tr><td rowspan="4">轮作方式</td><td rowspan="2">第一茬</td><td colspan="2">蔬菜一</td><td rowspan="2">产量：</td></tr>
<tr><td>定植时间：</td><td>收获时间：</td></tr>
<tr><td rowspan="2">第二茬</td><td colspan="2">蔬菜二：</td><td rowspan="2">产量：</td></tr>
<tr><td>定植时间：</td><td>收获时间：</td></tr>
</table>

<table>
<tr><td colspan="2">农户：</td><td>地块：</td><td>地点：</td><td>面积：</td><td>设施种类：</td></tr>
<tr><td rowspan="8">施肥情况</td><td rowspan="4">蔬菜一</td><td>肥料种类</td><td></td><td></td><td></td></tr>
<tr><td>数量</td><td></td><td></td><td></td></tr>
<tr><td>时期</td><td></td><td></td><td></td></tr>
<tr><td>方法</td><td></td><td></td><td></td></tr>
<tr><td rowspan="4">蔬菜二</td><td>肥料种类</td><td></td><td></td><td></td></tr>
<tr><td>数量</td><td></td><td></td><td></td></tr>
<tr><td>时期</td><td></td><td></td><td></td></tr>
<tr><td>方法</td><td></td><td></td><td></td></tr>
<tr><td colspan="2">取土时间</td><td colspan="4"></td></tr>
<tr><td colspan="2">计划种植蔬菜</td><td colspan="4"></td></tr>
<tr><td colspan="2">计划产量</td><td colspan="4"></td></tr>
</table>

表 2-2　果树测土配方施肥方案制订应收集的资料

<table>
<tr><td>农户：</td><td>地块：</td><td>地点：</td><td>面积：</td><td colspan="2">株数：</td></tr>
<tr><td colspan="2">果树种类：</td><td>树龄：</td><td colspan="3">产量：</td></tr>
<tr><td rowspan="4">施肥情况</td><td>肥料种类</td><td></td><td></td><td></td><td></td></tr>
<tr><td>数量</td><td></td><td></td><td></td><td></td></tr>
<tr><td>时期</td><td></td><td></td><td></td><td></td></tr>
<tr><td>方法</td><td></td><td></td><td></td><td></td></tr>
<tr><td colspan="6">取土时间</td></tr>
<tr><td colspan="6">计划产量</td></tr>
</table>

（二）选择适宜的配方方法确定配方（施肥量）

可根据具体情况选择适宜的配方方法。配方方法可以一种方法为主，其他方法为辅，互为补充、配合使用。同时还要根据中低产田改良、选用良种及土壤缺素条件的改善状况，对目标产量进行适当的修正。

（三）制订高产栽培的施肥技术方案

制订施肥技术方案是执行配方（施肥量）的一项重要措施，施肥技术应包括施肥的时期和施肥的方式等。

1. 施肥时期

施肥时期是指肥料应该在什么时间施用和各时期应分配多少肥料。大多数一年生或多年生作物的施肥时期分为基肥、种肥和追肥三种。各个时期施用的肥料有其独特的作用，但又不是孤立起作用，而是相互影响的。

（1）基肥习惯上又称为底肥，是指在播种或定植前结合土壤耕翻施入的肥料。对多年生作物，一般把秋冬季施入的肥料称为基肥。其目的在于培肥和改良土壤，同时又源源不断供给养分来满足作物营养连续性的需要。基肥施用一般以有机肥为主，配合施用化肥，化肥中的磷肥和大部分钾肥主要作基肥施用，小部分氮肥作基肥，因为氮肥容易随水流失。

（2）种肥是播种或定植时，施于种子或幼株附近，或与种子混播，或与幼株混施的肥料。其目的是为种子萌发和幼苗生长创造良好的营养条件和环境条件。

种肥应以腐熟的有机肥或速效肥为主，数量和品种应严格要求，防止烧苗或影响种子萌发。选择的化肥酸碱度要适宜，应对种子发芽无毒害作用。凡是浓度过大的肥料、pH 值过低过高（过酸过碱）或含有毒物质的肥料以及容易产生高温的肥料，均不宜作种肥施用。在墒情不足时，不能施用种肥。常用肥料中碳酸氢铵、硝酸铵、尿素、过磷酸钙、氯化钾等不宜作种肥，若要作种肥时，要做到不能与种子接触。对于微量元素一般都可作种肥，但硼肥与种子直接接触时，对种子萌发和幼苗生长有抑制作用，应特别注意。种肥用量不宜过大，要根据作物种类、土壤和气候条件确定。

（3）追肥，在作物生长发育期间施用的肥料称为追肥。其

目的是满足作物生长发育过程中某些特殊时期对养分的需求。主要是在作物生长发育比较旺盛的时期，对养分的需求迫切或需要量大，需要施肥予以补充。

追肥应掌握肥效要迅速，水肥要结合，根部施与叶面喷施相结合、需肥的关键时期施等原则。应选用速效化肥和腐熟的有机肥料。

基肥、种肥和追肥是施肥的三个重要环节，在生产实践中要灵活运用。确定施肥时期最基本的依据是作物不同生长发育时期对养分的需求和土壤的供肥性能。作物的营养临界期和最大效率期是作物需肥的关键时期，也是追肥的最佳时期。

2. 施肥方式

施肥方式是将肥料施入土壤和植株的途径与方法，常用的施肥方式主要有以下几种。

（1）撒施：将肥料均匀地撒在土壤表面的施肥方式。基肥撒施后结合土壤耕翻，可促使土肥相融，以充分发挥肥料在培肥土壤和改良土壤方面的作用。在密播作物上追施化学氮肥时，往往难以深施，可以采用撒施后结合灌水的方法，或结合降水施用，使肥料随水渗入土中。灌水结合追肥时，要控制灌溉水量，以防养分流失。撒施具有省工、简便等特点，对于易分解挥发的肥料不宜采用。

（2）条施：在肥料较少或宽行条播作物时，最好将肥料集中条施在作物播种行一侧，以提高局部土壤中肥料的浓度并减少土壤的固定作用。即所谓“施肥一大片，不如一条线”。肥料用量较少和易挥发的肥料适宜采用此方法。

（3）环状施肥和放射状施肥：常用于果树。环状施肥是在树冠外围垂直的地面上，挖一环状沟，深、宽各 30～60 厘米，施肥后覆土踏实（见图 2-1）。放射状施肥是在距树木一定距离处，以树干为中心，向树冠外围挖 4～8 条放射状直沟，沟深、宽各 50 厘米，沟长与树冠相齐，肥料施在沟内，覆土后踏实

（见图 2-2）。

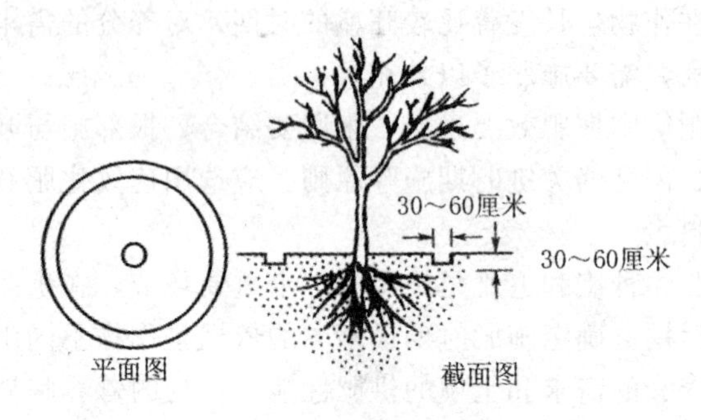

图 2-1　环状施肥示意图

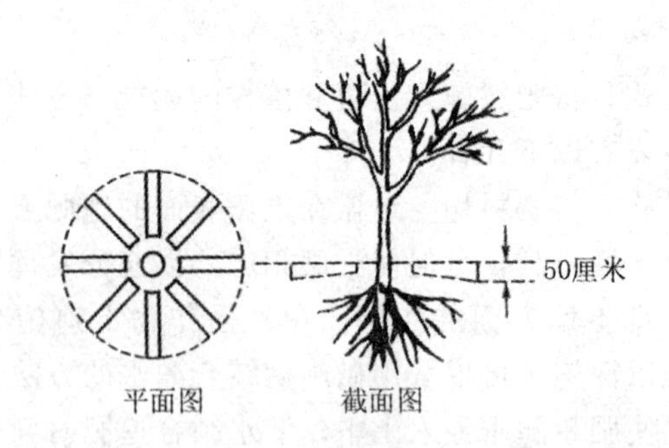

图 2-2　放射状施肥示意图

（4）穴施：在作物生长期内按株或两株间开穴的施肥方式称为穴施。适用于穴播或稀疏的作物，是一种比条施更为集中的施用方法。有机肥和化肥都可采用穴施的施肥方法。

（5）根外追肥：根外追肥又称叶面施肥，是一种用肥少、收效快、肥效高的辅助性施肥措施。在作物生长最旺盛的时期和后期根部吸收能力减弱时进行根外追肥，可以及时补足根部吸收养料之不足。

（四）制作测土配方施肥建议卡

将制订好的配方施肥方案汇总在测土配方施肥建议卡上，指导农民将配方施肥方案付诸实施。蔬菜测土配方施肥建议卡

见表 2-3，果树测土配方施肥建议卡见表 2-4。

表 2-3　蔬菜测土配方施肥建议卡

农户：		地块：	地点：	面积：	设施种类：
土壤养分测定值（毫克/千克）		碱解氮	速效磷	速效钾	pH
建议补充养分量		氮（N）（千克/亩*）	磷（P_2O_5）（千克/亩）	钾（K_2O）（千克/亩）	有机肥（千克/亩）
数量	蔬菜一				
	蔬菜二				
折算成化肥		尿素	磷酸二铵或过磷酸钙	硫酸钾	（其他肥料）
数量	蔬菜一				
	蔬菜二				
施用说明					

表 2-4　果树测土配方施肥建议卡

农户：	地块：	地点：	面积：	株数：
土壤养分测定值（毫克/千克）	碱解氮	速效磷	速效钾	pH
建议补充养分量	氮（N）（千克/亩）	磷（P_2O_5）（千克/亩）	钾（K_2O）（千克/亩）	有机肥（千克/亩）
折算成化肥	尿素	磷酸二铵或过磷酸钙	硫酸钾	（其他肥料）
施用说明				

* 1 亩≈0.0667 公顷

二、测土配方施肥方案的实施

测土配方施肥方案的实施，即运用常规施肥技术将配方施肥方案具体布置到田间的过程。实施过程中应注意以下两个方面的问题。

(一) 测土配方施肥必须以施用有机肥为基础

有机肥和化肥各有优缺点，二者配合使用可互相取长补短，既保证作物所需营养元素的供应，又能培肥地力。在农业生产中，不能以化肥代替有机肥（只有无土栽培可用化肥配制营养液）。生产上有些短期速生蔬菜（绿叶类如小白菜等），可全部依靠施用无机氮素化肥，就能正常旺盛生长，这也是建立在原土壤是长期施用有机肥、培肥土壤肥力的基础上。在生产上确实有一茬大白菜施 150 千克碳酸铵，一茬黄瓜施 250 千克碳酸氢铵，能获得高产的个别情况，但这是极不合理的施肥，有待于通过配方施肥的推广应用，加以纠正。

(二) 施肥量的调整

按测土配方施肥方法所确定的施肥量，是适合于正常栽培及正常气候，当落实到具体田块时，因某些生产条件的具体情况有所变化，所定施肥量有所调整，增加或减少 10%～20% 的施肥量是合理的。

三、蔬菜配方施肥方案制订实例

某农户提供的有关资料见表 2-5。

根据农户提供的有关资料，并对土壤进行分析化验，确定配方施肥方案，详见表 2-6 黄瓜—番茄测土配方施肥建议卡。

表 2-5 某农户提供的资料

<table>
<tr><td colspan="2">农户：
×××</td><td>地块：
2 号</td><td>地点：××市
××乡××村</td><td>面积 0.5 亩</td><td>设施种类：
大棚</td></tr>
<tr><td colspan="2" rowspan="4">轮作方式</td><td rowspan="2">第一茬：</td><td colspan="2">蔬菜一：黄瓜</td><td rowspan="2">产量：
4000 千克</td></tr>
<tr><td>定植时间：
3 月中旬</td><td>定植时间：
7 月中旬</td></tr>
<tr><td rowspan="2">第二茬：</td><td colspan="2">蔬菜二：番茄</td><td rowspan="2">产量：
1900 千克</td></tr>
<tr><td>定植时间：
7 月中旬</td><td>收获时间：
11 月下旬</td></tr>
<tr><td rowspan="8">施肥情况</td><td rowspan="4">蔬菜一</td><td>肥料种类</td><td>尿素（千克）</td><td>磷酸二铵
（千克）</td><td>有机肥（千克）</td></tr>
<tr><td>数量</td><td>50</td><td>30</td><td>2000</td></tr>
<tr><td>、
施肥时期</td><td>基肥（10 千克）追肥（40 千克，分 3 次）</td><td>基肥</td><td>基肥</td></tr>
<tr><td>方法</td><td>撒施结合灌水</td><td>撒施</td><td>撒施</td></tr>
<tr><td rowspan="4">蔬菜二</td><td>肥料种类</td><td>尿素（千克）</td><td>磷酸二铵
（千克）</td><td>有机肥（千克）</td></tr>
<tr><td>数量</td><td>20</td><td>15</td><td>0</td></tr>
<tr><td>施肥时期</td><td>定植（10 千克）
追肥（10 千克）</td><td>定植（5 千克）
追肥（10 千克）</td><td>0</td></tr>
<tr><td>方法</td><td>穴施</td><td>穴施</td><td>0</td></tr>
<tr><td colspan="2">取土时间</td><td colspan="4">2015 年 1 月 5 日</td></tr>
<tr><td colspan="2">计划种植蔬菜</td><td colspan="4">黄瓜—番茄</td></tr>
<tr><td colspan="2">计划产量</td><td colspan="4">4800～2500 千克</td></tr>
</table>

表 2-6　黄瓜—番茄测土配方施肥建议卡

农户：×××		地块：2号	地点：××市××乡××村	面积：0.5亩	设施种类：大棚
土壤养分测定值（毫克/千克）		碱解氮	速效磷	速效钾	pH值
		130.2	120	80	6.5
建议补充养分量		氮（N）（千克）	磷（P_2O_5）（千克）	钾（K_2O）（千克）	有机肥（腐熟的农家肥）（千克）
数量	蔬菜一	7.81	0	8.43	3000
	蔬菜二	5.21	0	5.62	0
折算成化肥		尿素（千克）	磷酸二铵或过磷酸钙（千克）	硫酸钾（千克）	（其他肥料）
数量	蔬菜一	38	0	32	0
	蔬菜二	26	0	28	0
施用说明		黄瓜施肥： 基肥，尿素10千克、硫酸钾32千克、腐熟农家肥料3000千克，撒施结合耕翻追肥，尿素28千克，结果盛期分三次施用，结合浇水撒施 番茄施肥： 基肥，尿素5千克、硫酸钾28千克，沟施或结合耕翻撒施追肥，尿素21千克，第一穗果乒乓球大小时开始追肥，追肥两次，结合浇水撒施			

四、果树配方施肥方案制订的实例

某农户提供的配方施肥方案资料，见表2-7。

表 2-7　某农户提供的配方施肥方案资料

<table>
<tr><td colspan="2">农户：×××</td><td>地块：×××</td><td colspan="2">地点：××市××乡××村</td><td>面积：1 亩</td></tr>
<tr><td colspan="3">果树种类：葡萄</td><td colspan="2">树龄：3 年</td><td>产量：3000 千克</td></tr>
<tr><td rowspan="4">施肥情况</td><td>种类</td><td>有机肥（千克）</td><td>尿素（千克）</td><td>磷酸二铵（千克）</td><td>硫酸钾（千克）</td></tr>
<tr><td>数量</td><td>4000</td><td>150</td><td>100</td><td>0</td></tr>
<tr><td>时期</td><td>基肥秋施</td><td>基肥 50
追肥 100</td><td>基肥 50
追肥 50</td><td>0</td></tr>
<tr><td>方法</td><td>撒施深翻</td><td>沟施</td><td>沟施</td><td></td></tr>
<tr><td colspan="6">取土时间：2015 年 11 月</td></tr>
<tr><td colspan="6">计划产量：3500 千克</td></tr>
</table>

根据农户提供的资料，并对土壤进行分析化验，确定施肥方案，制作葡萄测土配方施肥建议卡（表 2-8）。

表 2-8　葡萄测土配方施肥建议卡

<table>
<tr><td>农户：×××</td><td>地块：×××</td><td colspan="2">地点：××市××乡××村</td><td>面积：1 亩</td></tr>
<tr><td rowspan="2">土壤养分测定值（毫克/千克）</td><td>碱解氮</td><td>速效磷</td><td>速效钾</td><td>pH 值</td></tr>
<tr><td>54.1</td><td>9.29</td><td>51.9</td><td>6.5</td></tr>
<tr><td rowspan="2">建议补充养分量</td><td>氮（千克）</td><td>磷（千克）</td><td>钾（千克）</td><td>有机肥（千克）</td></tr>
<tr><td>14.72</td><td>10</td><td>8.1</td><td>4000</td></tr>
<tr><td rowspan="2">折算成肥料</td><td>尿素（克）</td><td>磷酸二铵（克）</td><td>硫酸钾（克）</td><td>—</td></tr>
<tr><td>64 克</td><td>72 克</td><td>32 克</td><td>—</td></tr>
<tr><td>施用说明</td><td colspan="4">基肥，秋施基肥，有机肥 4000 千克、尿素 15 千克、磷酸二铵 50 千克、硫酸钾 12 千克
追肥，一是早春芽眼开始膨大，尿素 25 千克、磷酸二铵 12 千克；二是谢花后幼果膨大期，尿素 24 千克；硫酸钾 10 千克；三是浆果期，硫酸钾 10 千克</td></tr>
</table>

第二节 测土配方施肥方法

一、土壤与植物测试推荐施肥方法

该技术综合了目标产量法、养分丰缺指标法和作物营养诊断法的优点。对于大田作物，在综合考虑有机肥、作物秸秆应用和管理措施的基础上，根据氮、磷、钾和中量、微量元素养分的不同特征，采取不同的养分优化调控与管理策略。其中量，氮肥推荐根据土壤供氮状况和作物需氮量，进行实时动态监测和精确调控，包括基肥和追肥的调控；磷、钾肥通过土壤测试和养分平衡进行监控；中量、微量元素采用因缺补缺的矫正施肥策略。该技术包括氮素实时监控，磷、钾养分恒量监控和中量、微量元素养分矫正施肥技术。

（一）氮素实时监控施肥技术

根据不同土壤、不同作物、不同目标产量确定作物需氮量，以需氮量的30%～60%作为基肥用量。具体基施比例根据土壤全氮含量，同时参照当地丰缺指标来确定。一般在全氮含量偏低时，采用需氮量的50%～60%作为基肥；在全氮含量居中时，采用需氮量的40%～50%作为基肥；在全氮含量偏高时，采用需氮量的30%～40%作为基肥。30%～60%基肥比例可根据上述方法确定，并通过“3414”田间试验进行校验，建立当地不同作物的施肥指标体系。有条件的地区可在播种前对0～20厘米土壤无机氮进行监测，调节基肥用量。

$$\text{基肥用量（千克/亩）}=\frac{\text{（目标产量需氮量}-\text{土壤无机氮）}\times\text{（30\%}\sim\text{60\%）}}{\text{肥料中养分含量}\times\text{肥料当季利用率}}$$

其中，土壤无机氮（千克/亩）＝土壤无机氮测试值（毫

克/千克）×0.15×校正系数

氮肥追肥用量推荐以作物关键生育期的营养状况诊断或土壤硝态氮的测试为依据，这是实现氮肥准确推荐的关键环节，也是控制过量施氮或施氮不足、提高氮肥利用率和减少损失的重要措施。测试项目主要是土壤全氮含量、土壤硝态氮含量或小麦拔节期茎基部硝酸盐浓度、玉米最新展开叶叶脉中部硝酸盐浓度，水稻采用叶色卡或叶绿素仪进行叶色诊断。

（二）磷、钾养分恒量监控施肥技术

根据土壤有（速）效磷、钾含量水平，以土壤有（速）效磷、钾养分不成为实现目标产量的限制因子为前提，通过土壤测试和养分平衡监控，使土壤有（速）效磷、钾含量保持在一定范围内。对于磷肥，基本思路是根据土壤有效磷测试结果和养分丰缺指标进行分级，当有效磷水平处在中等偏上时，可以将目标产量需要量（只包括带出田块的收获物）的100%～110%作为当季磷肥用量；随着有效磷含量的增加，需要减少磷肥用量，直至不施；随着有效磷的降低，需要适当增加磷肥用量，在极缺磷的土壤上，可以施到需要量的150%～200%。在2～3年后再次测土时，根据土壤有效磷和产量的变化再对磷肥用量进行调整。钾肥首先需要确定施用钾肥是否有效，再参照上面方法确定钾肥用量，但需要考虑有机肥和秸秆还田带入的钾量。一般大田作物磷、钾肥料全部做基肥。

（三）中量、微量元素养分矫正施肥技术

中量、微量元素养分的含量变幅大，作物对其需要量也各不相同。主要与土壤特性（尤其是母质）、作物种类和产量水平等有关。矫正施肥就是通过土壤测试，评价土壤中量、微量元素养分的丰缺状况，进行有针对性的因缺补缺的施肥。

二、肥料效应函数法

根据"3414"方案*田间试验结果建立当地主要作物的肥料效应函数，直接获得某一区域、某种作物的氮、磷、钾肥料的最佳施用量，为肥料配方和施肥推荐提供依据。

三、土壤养分丰缺指标法

通过土壤养分测试结果和田间肥效试验结果，建立不同作物、不同区域的土壤养分丰缺指标，提供肥料配方。

土壤养分丰缺指标田间试验也可采用"3414"部分实施方案。"3414"方案中的处理1为空白对照（CK），处理6为全肥区（NPK），处理2、4、8为缺素区（即PK、NK和NP）。收获后计算产量，用缺素区产量占全肥区产量百分数即相对产量的高低来表达土壤养分的丰缺情况。相对产量低于50%的土壤养分为极低；相对产量50%～60%（不含）为低，60%～70%（不含）为较低，70%～80%（不含）为中，80%～90%（不含）为较高，90%（含）以上为高（也可根据当地实际确定分级指标），从而确定适用于某一区域、某种作物的土壤养分丰缺指标及对应的肥料施用数量。对该区域其他田块，通过土壤养分测试，就可以了解土壤养分的丰缺状况，提出相应的推荐施肥量。

四、养分平衡法

（一）基本原理与计算方法

根据作物目标产量需肥量与土壤供肥量之差估算施肥量，

* "3414"方案是指氮、磷、钾3个因素、4个水平、4个处理。该方案是目前应用较为广泛的肥料效应田间试验方案。

计算公式为：

$$施肥量（千克/亩）=\frac{目标产量所需养分总量-土壤供肥量}{肥料中养分含量\times肥料当季利用率}$$

养分平衡法涉及目标产量、作物需肥量、土壤供肥量、肥料利用率和肥料中有效养分含量五大参数。土壤供肥量即为“3414”方案中处理1的作物养分吸收量。目标产量确定后因土壤供肥量的确定方法不同，形成了地力差减法和土壤有效养分校正系数法两种。

地力差减法是根据作物目标产量与基础产量之差来计算施肥量的一种方法。其计算公式为：

$$施肥量（千克/亩）=\frac{（目标产量-基础产量）\times单位经济产量养分吸收量}{肥料中养分含量\times肥料利用率}$$

式中基础产量即为“3414”方案中处理1的产量。

土壤有效养分校正系数法是通过测定土壤有效养分含量来计算施肥量。其计算公式为：

施肥量（千克/亩）=（作物单位产量养分吸收量×目标产量-土壤测试值×0.15×土壤有效养分校正系数）/（肥料中养分含量×肥料利用率）

（二）有关参数的确定

1. 目标产量

目标产量可采用平均单产法来确定。平均单产法是利用施肥区前三年平均单产和年递增率为基础确定目标产量，其计算公式是：

目标产量（千克/亩）=（1+递增率）×前3年平均单产（千克/亩）

一般粮食作物的递增率为10%～15%，露地蔬菜为20%，设施蔬菜为30%。

2. 作物需肥量

通过对正常成熟的农作物全株养分的分析，测定各种作物100千克经济产量所需养分量，乘以目标常量即可获得作物需肥量。

作物目标产量所需养分量（千克）＝

$$\frac{目标产量（千克）}{100}\times 100\ 千克产量所需养分量（千克）$$

3. 土壤供肥量

土壤供肥量可以通过测定基础产量、土壤有效养分校正系数两种方法估算：

通过基础产量估算（处理1产量）：不施肥区作物所吸收的养分量作为土壤供肥量。

土壤供肥量（千克）＝

$$\frac{不施养分区农作物产量（千克）}{100}\times 100\ 千克产量所需养分量（千克）$$

通过土壤有效养分校正系数估算：将土壤有效养分测定值乘一个校正系数，以表达土壤“真实”供肥量。该系数称为土壤有效养分校正系数。

土壤有效养分校正系数（%）＝

$$\frac{缺素区作物地上部分吸收该元素量(千克/亩)}{该元素土壤测定值(毫克/千克)\times 0.15}$$

4. 肥料利用率

一般通过差减法来计算：利用施肥区作物吸收的养分量减去不施肥区农作物吸收的养分量，其差值视为肥料供应的养分量，再除以所用肥料养分量就是肥料利用率。

肥料利用率（%）＝

[施肥区农作物吸收养分量(千克/亩)－缺素区农作物吸

收养分量(千克/亩)]/[肥料施用量(千克/亩)×肥料中养分含量(%)]×100%

上述公式以计算氮肥利用率为例来进一步说明。

施肥区（NPK 区）农作物吸收养分量（千克/亩）："3414"方案中处理 6 的作物总吸氮量；

缺氮区（PK 区）农作物吸收养分量（千克/亩）："3414"方案中处理 2 的作物总吸氮量；

肥料施用量（千克/亩）：施用的氮肥肥料用量；

肥料中养分含量（%）：施用的氮肥肥料所标明的含氮量。

如果同时使用了不同品种的氮肥，应计算所用的不同氮肥品种的总氮量。

5. 肥料养分含量

供施肥料包括无机肥料与有机肥料。无机肥料、商品有机肥料含量按其标明量，不明养分含量的有机肥料养分含量可参照当地不同类型有机肥养分平均含量获得。

模块三　测土配方施肥的实施

第一节　土壤样品的采集

一、目的意义

土壤样品的采集是土壤分析工作的一个重要环节，要求采集有代表性的土壤。为了解土壤肥力状况，为制订配方施肥方案提供土壤养分数据，一般采集耕层土壤的混合样品。土壤是一个不均一体，影响不均一的因素很多，如地形、耕作、施肥等，特别是耕作施肥导致土壤养分分布不均匀，例如条施、穴施、起垄种植、深耕等措施，均能造成局部养分的差异，给土壤样品采集带来很大的困难。因此，必须按照一定的要求和方法步骤采集土壤样品。

二、仪器用具

小铁铲、取土钻、布袋或塑料袋、标签、铅笔、钢卷尺。

三、方法步骤

（一）采样时间

大田作物和蔬菜一般在收获后或整地施基肥前采集土壤样品，果园一般在果实采摘后第一次施肥前采集土壤样品。

（二）选点与布点

1. 选点

采样点要避免在路边、沟边、田边、肥料堆底和特殊地形部位选点，以减少土壤差异，提高样品的代表性。

2. 布点

耕层混合土壤样品的采集必须按照一定的采集样品的路线和随机、多点、均匀的原则进行。布点形式以“S”形（见图3-1）较好。只有在地块面积小、地形平坦、肥力比较均匀的情况下，才用对角线采样或棋盘式采样。

采样点的数量根据采样地块的大小和土壤肥力差异情况而定，一般为10～20个点。

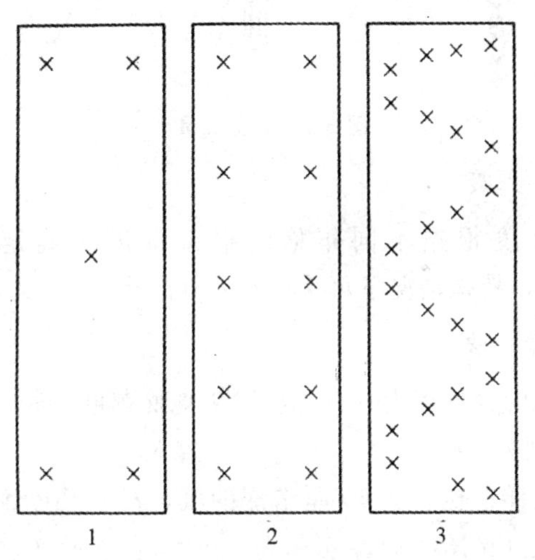

图3-1　土壤采样的方式

注：1和2是不正确的，3是正确的

（三）采土

1. 采样工具

普通土钻，管形土钻，小土铲（见图3-2）。

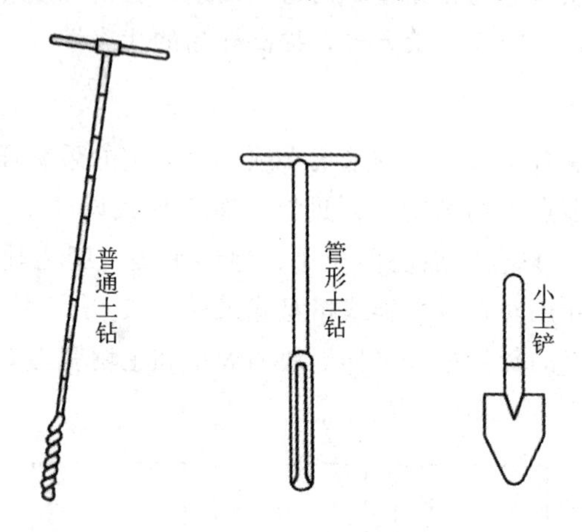

图3-2 取土工具

2. 采样深度

采样深度根据不同作物的根系深度来确定，一般为0～20厘米，特殊情况下可采集0～30厘米。

3. 采样方法

在确定的采样点上，首先应除去地面落叶杂物，并将表土2～3毫米刮去。

铁铲采样：挖20～30厘米深的坑，沿着切断面均匀地铲出一薄层土（见图3-3）。

土钻采样：打土钻时要垂直插入土内然后将采集的各点样品集中起来，混合均匀。每一点采取的土壤，深度要一致，上下土体要一致。

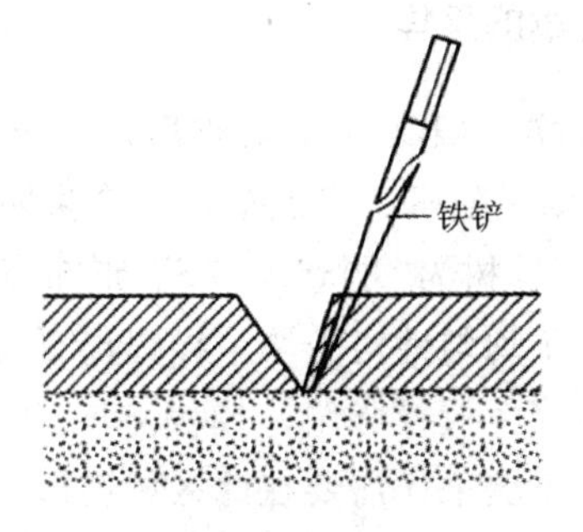

图 3-3　铁铲采样

4. 样品的数量

每个混合样品的重量，一般 1 千克左右即可。土样过多时，可将全部土样放在盘子或塑料布上，用手捏碎混匀后，再用四分法（图 3-4）将多余的土弃去，直至达到所需数量为止。

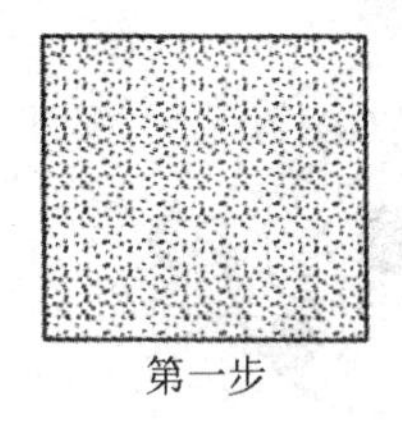

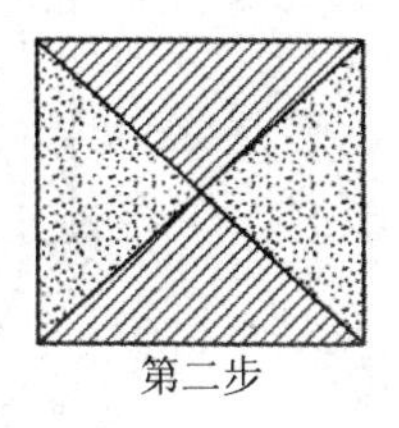

图 3-4　分法分样

（四）装袋与写标签

采好的土样可装入布袋或塑料袋中。土样装袋后，应立即用铅笔书写标签一式两份，一份放在口袋内，一份系在口袋外。标签的内容：农户姓名、采样地点、作物种类、采样时间等。

四、果园土壤的采样

果园土壤采样一般在秋季采收后、土壤封冻前或开春的3月初进行。原则是随机、多点覆盖整个果园，每个果园不少于10个点，以每棵树为一个点，“S”形布点。由于果树根系在土壤中分布的不均匀性对土壤采样提出更高的要求。

果树滴水线（树冠投影线）周围30～40厘米是根系密集分布区域，因此土壤采样需要在此区域进行。在所选的每棵树的周围，在其滴水线内外30～40厘米圆周范围，分4个方向采集8个点，深度为0～30厘米，将全园80个点的土样混合为1个，四分法分样后装袋，1千克左右。果树土壤采样位置俯视图见图3-5。

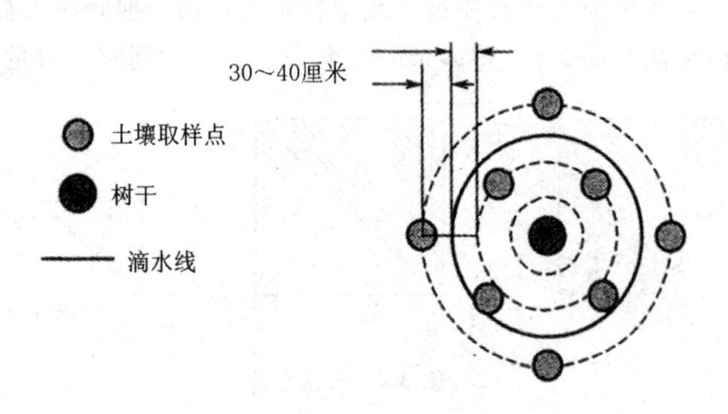

图3-5　果树土壤采样位置俯视图

第二节　肥料施用量试验

一、目的意义

通过肥料施用量试验，初步掌握田间试验的基本方法和进

行试验研究的综合技能，为配方施肥和拟定作物适宜施肥量提供依据。

二、试验设计

1. 试验材料

供试作物＿＿苹果＿＿供试肥料＿＿＿＿＿＿

2. 试验处理

试验设 5 个处理：

处理 1　不施肥

处理 2　肥底（有机肥）

处理 3　肥底（有机肥）＋施肥量 1

处理 4　肥底（有机肥）＋施肥量 2

处理 5　肥底（有机肥）＋施肥量 3

施肥量 2 为上一年的施肥量，施肥量 1 在施肥量 2 的基础上减少，施肥量 3 在施肥量 2 的基础上增加。

3. 试验小区

选择长势相同的苹果树，3 株为一个小区，3 次重复。

4. 排列方式

采用随机排列，小区中间要留出保护行。

5. 田间管理

田间管理包括施肥的种类、数量和日期，病虫害发生与防治，灌溉等。每个小区除了施肥量不同外，其他的管理措施必须完全相同。

三、观察记载

1. 果树生长情况

定期观察果树枝条的生长情况，叶片的颜色、大小等。

2. 产量和品质

产量记载表见表 3-1。

品质特征主要包括果实的颜色、形状，果实口感风味等。

表 3-1 产量记载

处理	重复 1	重复 2	重复 3
1			
2			
3			
4			
5			

第三节 肥料施用情况记录

一、目的和意义

在蔬菜和果园生产中，按照要求记录肥料施用情况，目的在于充分了解肥料施用的时间、数量和种类，以便于分析肥料施用中存在的问题，有利于建立肥料施用档案，并可为配方施肥方案的制订提供参考。

二、记录方法

对你种植的蔬菜或果园，按照表 3-2、表 3-3、表 3-4 的要求记录肥料的施用情况。

表 3-2　蔬菜肥料施用情况记录

______年

<table>
<tr><td colspan="2">农户：×××</td><td>地块：</td><td colspan="2">地点：××市××乡××村</td><td>面积：</td><td>设施种类：</td></tr>
<tr><td colspan="2" rowspan="4">轮作方式</td><td rowspan="2">第一茬</td><td colspan="3">蔬菜一：</td><td rowspan="2">产量：</td></tr>
<tr><td>定植时间：</td><td colspan="2">收获时间：</td></tr>
<tr><td rowspan="2">第二茬</td><td colspan="3">蔬菜二：</td><td rowspan="2">产量：</td></tr>
<tr><td>定植时间：</td><td colspan="2">收获时间：</td></tr>
<tr><td rowspan="8">施肥情况</td><td rowspan="4">蔬菜一</td><td>肥料种类</td><td></td><td colspan="2"></td><td></td></tr>
<tr><td>数量</td><td></td><td colspan="2"></td><td></td></tr>
<tr><td>时期</td><td></td><td colspan="2"></td><td></td></tr>
<tr><td>方法</td><td></td><td colspan="2"></td><td></td></tr>
<tr><td rowspan="4">蔬菜二</td><td>肥料种类</td><td></td><td colspan="2"></td><td></td></tr>
<tr><td>数量</td><td></td><td colspan="2"></td><td></td></tr>
<tr><td>时期</td><td></td><td colspan="2"></td><td></td></tr>
<tr><td>方法</td><td></td><td colspan="2"></td><td></td></tr>
</table>

表 3-3　果园肥料施用情况记录

______年

<table>
<tr><td>农户：</td><td>地块：</td><td>地点：</td><td>面积：</td><td>株数：</td></tr>
<tr><td colspan="2">果树种类：</td><td>树龄：</td><td colspan="2">产量：</td></tr>
<tr><td>施肥次数</td><td>施肥 1</td><td>施肥 2</td><td>施肥 3</td><td>施肥 4</td></tr>
<tr><td>施肥时期</td><td></td><td></td><td></td><td></td></tr>
<tr><td>肥料种类及数量</td><td></td><td></td><td></td><td></td></tr>
<tr><td>施肥方法</td><td></td><td></td><td></td><td></td></tr>
</table>

表 3-4　化肥的基本情况

化肥名称	品牌及产地	养分含量	备注

第四节　常用化肥的简易识别

一、目的意义

化学肥料的种类繁多，不同化肥其有效成分、性质、作用与施肥技术各不相同，为了避免因误用而造成的损失，有必要进行简便易行的定性鉴定。

二、识别方法

根据化学肥料的外观性状（颜色、结晶程度）、物理性质（气味、溶解度）和燃烧反应等加以鉴别，可以定性鉴定肥料的种类（表 3-5）。

表 3-5　化学肥料的定性鉴定

肥料性状	碳酸氢铵	硫酸铵	氯化铵	尿素	氯化钾	硫酸钾	硝酸铵	过磷酸钙
颜色	白	白	白	白	白或红色	白或灰白	白	灰白
外观	颗粒或结晶	颗粒或结晶	颗粒或结晶	颗粒	颗粒或结晶	颗粒或结晶	颗粒或结晶	粉末
溶解性	溶解	溶解	溶解	溶解	溶解	溶解	溶解	部分溶解
气味	氨味	无味	无味	无味	无味	无味	无味	酸味
灼烧现象	大量冒白烟、有氨臭味、无残渣	冒白烟、有氨味和刺鼻的二氧化硫味，残留物冒黄泡	冒白烟、有氨臭味、无残渣，但有酸味	迅速熔化、冒白烟，取一玻片接触白烟时有白色结晶出现	铁片上无变化，跳动或有爆裂声	铁片上无变化，跳动或有爆裂声	遇火迅速熔化、冒泡、出现沸腾状、有氨臭味	不燃烧、无变化

1. 外表观察

外表观察主要看肥料的外表和结晶状态、吸湿性、气味。氮肥和钾肥一般为白色颗粒或结晶，如碳酸氢铵、硝酸铵、硫酸铵、尿素、氯化钾、硫酸钾、磷酸二氢钾、硝酸钾等。磷肥一般为粉末状或颗粒状，灰白色或灰黑色，如磷酸二铵、过磷酸钙、重过磷酸钙、钙镁磷肥、磷矿粉等。

2. 加水溶解

取各种化肥约 1 克放入试管中，摇动数分钟，观察其溶解状况。全部溶解的是碳酸氢铵、硝酸铵、硫酸铵、尿素、氯化钾、硫酸钾、磷酸二氢钾、硝酸钾；部分溶解的有磷酸铵、过磷酸钙、重过磷酸钙；不溶解的有钙镁磷肥、磷矿粉等。

3. 灼烧法

将肥料放在小铁片上，在火上燃烧，可根据助燃性、熔融状况、烟味、残留物情况区别出几种肥料。

（1）大量冒白烟、有氨臭味、无残渣，为碳酸氢铵。

（2）大量冒白烟、有氨臭味、无残渣、但有酸味，为氯化铵。

（3）大量冒白烟、有氨臭味和刺鼻的二氧化硫味，残留物如冒黄泡，为硫酸铵。

（4）遇火迅速熔化、冒白烟，取一玻片接触白烟时有白色结晶出现，为尿素。

（5）遇火迅速熔化、冒泡、出现沸腾状、有氨味，为硝酸铵。

（6）在火上不燃烧、无变化，为过磷酸钙、钙镁磷肥、磷矿粉。

（7）在铁片上无变化（不燃烧、不熔化、不分解），跳动或有爆裂声，在无色火焰上发出浅黄夹带紫色光，可能是钾肥。

第五节　配方设计及配方肥的加工

一、基于田块的肥料配方设计

基于田块的肥料配方设计首先确定氮、磷、钾养分的用量，然后确定相应的肥料组合，通过提供配方肥料或发放配肥通知单，指导农民使用。肥料用量的确定方法主要包括土壤与植物测试推荐施肥方法、肥料效应函数法、土壤养分丰缺指标法和养分平衡法。

二、县域施肥分区与肥料配方设计

在全球定位系统（GPS）定位土壤采样与土壤测试的基础上，综合考虑行政区划、土壤类型、土壤质地、气象资料、种

植结构、作物需肥规律等因素，借助信息技术生成区域性土壤养分空间变异图和县域施肥分区图，优化设计不同分区的肥料配方。主要工作步骤如下。

1. 确定研究区域

一般以县级行政区域为施肥分区和肥料配方设计的研究单元。

2. GPS定位指导下的土壤样品采集

土壤样品采集要求使用GPS定位，采样点的空间分布应相对均匀，如每100亩采集一个土壤样品，先在土壤图上大致确定采样位置，然后在标记位置附近的一个采集地块上采集多点混合土样。

3. 土壤测试与土壤养分空间数据库的建立

将土壤测试数据和空间位置建立对应关系，形成空间数据库，以便能在地理信息系统（GIS）中进行分析。

4. 土壤养分分区图的制作

基于区域土壤养分分级指标，以GIS为操作平台，使用克里金（Kriging）等方法进行土壤养分空间插值，制作土壤养分分区图。

5. 施肥分区和肥料配方的生成

针对土壤养分的空间分布特征，结合作物养分需求规律和施肥决策系统，生成县域施肥分区图和分区肥料配方。

6. 肥料配方的校验

在肥料配方区域内针对特定作物，进行肥料配方验证。主要是进行测土配方施肥与农户习惯施肥的效果比较。验证测土配方推荐施肥的效果。对小区试验结果进行方差分析和差异显著性检验，从单个试验结果看，如测土配方施肥处理相比习惯施肥具有显著的增产效果，说明推荐的测土配方施肥方案是合理可行的；如产量之间是持平的或产量增减差异不显著，但如配方施肥处理相对习惯施肥节省肥料用量或成本，说明测土配方施肥方案也是合理可行的，否则是不合理的；如出现减产减收，则是完全不行的。示范对比田的增产率达 5%以上，说明具有增产效果。从所有试验点和示范对比点结果来看，如具显著增产和稳产增收的试验点占总点数的 80%，且 80%的对比田具有增产效果，说明推荐的施肥方案总体是合理可行的。

田间小区肥效效果试验处理有多种设计方案，基本处理方案有 5 个，分别为：

处理 A　空白对照（不施任何肥）；

处理 B　习惯施用单质肥；

处理 C　习惯施用复混肥；

处理 D　测土配方施用单质肥；

处理 E　测土配方施用配方肥。

在实际工作中主要可选 3 种：

方案一（3 处理）：包括 3 种：A、B 和 D；A、B 和 E；A、C 和 E；方案二（4 处理）：A、B、C 和 E；方案三（5 处理）：A、B、C、D 和 E。

具体设计试验处理时，则主要根据试验田所在区域的习惯施肥具体情况而确定。习惯施肥处理的肥料施用量和方法等，应根据有代表性5～10户（或田块）取样田间基本情况调查统计的平均结果和大多数采用的施肥时期与方法而确定，测土配方施肥处理应根据试验田块的测试值按相关方法推荐的肥料施用量和推荐的施肥时期与方法施用肥料。各处理应设 3 次重复，共9～15个小区。

三、测土配方施肥建议卡

测土配方施肥建议卡是根据土壤、植株样品测试和田间试验示范得出一系列施肥指标参数后，按照区域耕地土壤特点和特定作物需肥规律制做的便于指导农民合理施肥的信息卡片或资料，因此，施肥建议卡的制定必须做好以下两项工作。

1. 测土配方施肥建议卡

测土配方施肥建议卡就是对采样测试区域农民的一个施肥意见，各地都有不同的制作方式，但测土配方施肥建议卡必需表达以下信息：一是要表明该区域土壤养分状况，说明针对特定作物研究的丰缺指标和丰缺状况评价；二是根据当地作物产量提出各养分的最佳或最高施用量，作物各个时期的推荐施肥量及施肥方法，最好采用图文并茂的方式，简便易懂，好操作，便于农民接受；三是明确推荐适合于当地的配方肥料及施肥方法。

2. 及时发放，搞好登记

一是要及时发放测土配方施肥建议卡，充分发挥各方面力量、充分应用各种农事服务活动将测土配方施肥建议卡送到农户、送到田边，核心示范区的农户要做到各季作物平均一份，并搞好登记；二是采取有效方式，及时为农民讲解测土配方施肥建议卡的使用方法；三是根据区域要求，广泛张贴测土配方施肥建议卡；四是施肥建议卡的发放可以与配方肥的产销结合起来，加强配方肥的推广应用。

第六节　配方加工

最终肥料配方形成后，肥料企业的研发人员以各种单质或复混肥料为原料，考虑各原料肥的适混适配性质，生产出合格的配方肥料。目前，有两种配方方式：一是农民根据各级农业技术推广部门推荐的配方建议卡自行购买各种肥料，配合施用和由肥料企业（或配肥企业）按照配方加工配方肥料；二是农民购买施用适合当地土壤养分特征的配方肥料。从农业技术推广部门研发的配方到农民最终购买的配方肥料以市场化运作、工厂化生产、连锁化经营，这种流通模式最具活力。多年来，吉林省四平市梨树县农业技术推广总站和四平天丰化肥厂合作，由梨树县农业技术推广总站试验研究配方，四平天丰化肥厂生产，各乡镇农业站销售，每年生产销售配方肥近万吨，深受广大农民欢迎。

第七节　合理施肥

一、施肥方法

最常用的施肥方法有撒施、条施、穴施、轮施和放射状施等。

（一）撒施与条施

撒施是将肥料用人工或机械均匀撒施于田面的方法，一般未栽种作物的农田施用基肥时常用此法。对大田密植的粮食作物施用追肥，如南方的水稻和小麦，有时也用此法。有机肥和化肥均可采用撒施。撒施方法如能结合耕耙作业，将肥料施于耕地前或耕地后耙地前，均可增加化肥与土壤混合的均匀度，

有利于作物根系的伸展和早期吸收。在土壤水分不足、地面干燥或作物种植密度稀而又无其他措施使肥料与土壤混合时，如采用撒施田面的施肥法，往往会增加肥料的损失，降低肥效。

将肥料成条施用于作物行间土壤的方法称为条施。条施同样可用机械和手工进行。条施方法一般在栽种作物后追肥时采用。对多数作物条施须事先在作物行间开好施肥沟，深5～10厘米，施肥后覆土；但在土面充分湿润或作物种植行有明显土垄分隔时，也可事先不开沟，而将肥料成条施用于土面，然后覆土。

“施肥一大片，不如一条线”。一般来说，条施比撒施的肥料集中，有利于将肥料施到作物根系层，并可与灌水措施相结合，更易达到深施的目的，因而肥效比较高。成行或单株种植的作物，如棉花、玉米、茶叶、烟草等，一般都采用开沟条施。但若只对作物种植行实行单面条施，在施肥后的短期内，作物根系及地上部可能出现向施肥的一侧偏长的现象。

有机肥和化肥都可采用条施。在多数条件下，条施肥料都须开沟后施入沟中并覆土，有利于提高肥效。干旱地区或干旱季节，条施肥料常可结合灌水后覆土。

（二）穴施

在作物预定种植的位置或种植穴内，或在苗期按株或在两株间开穴施肥称为穴施。穴深5～10厘米，施肥后覆土。

穴施是一种比条施更能使肥料集中的施用方法。对单株种植的作物，若施肥量较小并须计株分配肥料或须与浇水相结合、又要节约用水时，一般都可采用穴施。穴施也是一些直播作物将肥料与种子一起放入播种穴（种肥）的好方法。

有机肥和化肥都可采用穴施。为了避免穴内浓度较高的肥料伤害作物根系，采用穴施的有机肥须预先充分腐熟，化肥须适量，施肥穴的位置和深度均应注意与作物根系保持适当的距离，施肥后覆土前尽量结合灌水。

（三）轮施和放射状施

以作物主茎为圆心，将肥料作轮状或放射状施用时称为轮施和放射状施。一般用于多年生木本作物，尤其是果树。这些作物的种植密度稀，如多数果树的栽植密度在每亩60～150株，株间距离远，单株的根系分布与树冠面积大，而主要吸收根系呈轮状较集中的分布于周边，如采用撒施、条施或穴施的施肥方法，将很难使肥料与作物的吸收根系充分接触和被吸收。

轮施的基本方法为以树干为圆心，沿地上部树冠边际内对应的田面开挖轮状施肥沟，施肥后覆土。沟一般挖在边线与圆心的中间或靠近边线的部位；可围绕圆心挖成连续的圆形沟，也可间断地以圆心为中心挖成对称的2～4条一定长度的月牙形沟。施肥沟的深度随树龄和根系分布深度而异，一般以施至吸收根系附近又能减少对根的伤害为宜。施肥沟的面积一般比大田条施时宽。在秋、冬季对果树施用大量有机肥时，也可结合耕地松土在树冠下圆形面积内普施肥料，施肥量可稍大。

如果以树干为圆心向外放射至树冠覆盖边线开挖4条左右施肥沟时，称为放射状施肥法。沟深与沟宽也应随树龄、根系分布与肥料种类而定。

二、施肥深度

作物根系在土壤中的分布，多数与地面成30°～60°的夹角。随着地上部植株的生长，根系在土壤中的分布面积与深度日益增加。对一年生大田作物，其生育期间的绝大部分吸收根系分布在地面以下5～10厘米的耕层内（见图3-6）。

为了使施用的肥料能尽量接近吸收根系，增加被作物吸收的机会和提高肥效，现代施肥技术中都很重视施肥的深度。基本趋势是减少表面施用，增加施肥深度。不同施肥深度对肥料的增产效果和利用率有明显影响（见表3-6）。

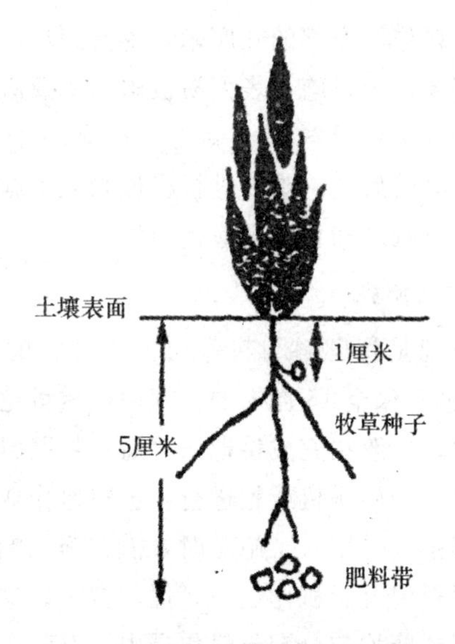

图 3-6　土壤含水量对施肥效果的影响

表 3-6　碳铵不同施肥深度对肥效的影响（盆栽）

施肥深度	水稻氮肥利用率（%）		春玉米氮肥增产效果
	分蘖期	收获期	千克玉米/千克氮
表　施	—	—	10.7
施 4 厘米左右	9.84	3.34	13.2
施 10 厘米左右	7.65	54.5	20.8
1/2 施 10 厘米，1/2 施 17 厘米	5.48	51.5	—

施肥深度直接决定肥料在土壤中的位置，进而决定着肥料与不断伸展的作物根系的相互关系。众所周知，只有把肥料施到作物的"嘴边"（根系吸收层），才能充分发挥其肥效。但在生产实践中，不少人却往往忽视对施肥位置的考虑和合理安排。

（一）表面施肥

表面施肥是将肥料撒施于土面的方法。肥料在土壤中分布浅，一般只在耕作层上部的几厘米，主要满足作物苗期、根系分布浅时的需要。肥料施于表面易被雨水或灌溉水冲走，易导致挥发等损失，也更易被土面新发芽的杂草幼苗所吸收。因此，除密植作物的后期，难以进行机械和人工施肥时采用撒施表面外，不论有机肥和化肥都应提倡深施。

（二）全耕层施肥

全耕层施肥是将肥料与耕作层土壤混合的施肥方法。深0～10厘米，也有深至15厘米的。利用机械耕耙作业进行全层施肥最为方便，一般在完成耕地作业后，将肥料撒施在耕翻过的土面上，然后用旋耕机或耙进行碎土整地作业，使肥料混合入耕作层土壤中。采用人工施肥时，需在施肥的田间不断捣翻土壤，以便肥料混合于耕作层中，但较费工。这种施肥方法的主要好处是肥料能均匀分布于耕作层中，有利于作物在一段时期内根系的伸展和吸收，作物的长势均匀。但采用这一方法每次所需的肥料量较多，如果肥料太少，难以起到均匀施肥的作用。

（三）分层施肥

为了兼顾作物生长的早期与晚期需肥，又能减少施肥次数，可在作物种植前实行对不同土层的分层施肥。最常见的是双层施肥，即把施肥总量中一定比例的肥料（如60%），利用机械耕翻或人工，将其翻施入耕作层下部，深10～20厘米，然后将其余部分肥料（如40%）再施于翻转的土面上，在耙地碎土时混入耕作层上部土层中，深0～10厘米。使作物生长的早期，主要利用分布在上部的肥料，晚期可充分利用下部的肥料。实施这种方法，一次施肥量可较大，施肥次数少，肥效高。对应用地膜覆盖栽培的作物，为了尽量不破膜追肥，尤其适宜这种方法。

三、施肥时期

对作物施用的肥料，在作物种植前、种植时及种植后的任何时间均可使用，即可以在不同的施肥时期施肥。施肥时期的确定，主要依据作物种类、土壤肥力、气候条件、种植季节和肥料性质，而以作物的种类、栽培类型和营养特点为基础。一般分基肥、种肥和追肥三个主要时期。对同一种作物，通过不同时期施用的肥料间互相影响与配合，促进肥效的充分发挥。

（一）基肥

在作物播种或移栽前施用的肥料称基肥。习惯上将有机肥作基肥施用。现代施肥技术中，化肥用作基肥日益普遍。一般基肥的施用量较大，可把几种肥料，如有机肥和氮、磷、钾化肥同时施用，也可与机械耕耙作业结合进行，施肥的效率高，肥料能施得深。对多年生作物，一般把秋、冬季施用的肥料称作基肥。化肥中磷肥和大部分钾肥主要作基肥施用，对生长期短的作物，也可把较多氮肥用作基肥。

由于基肥能结合深耕，并同时施入有机肥和化肥，故对培肥土壤的作用较大，也较持久。

（二）种肥

种肥是与作物种子播种或幼苗定植时一起施用的肥料。其施用方式有多种。在采用机械播种时，混施种肥最方便；但混施的肥料只限于腐熟的有机肥料和缓（控）效肥料，一般可施于播种行、播种穴或定植穴中，即种子或幼苗根系附近；也可在作物种子播种时将肥料与泥土等混合盖于种子上，俗称盖籽肥。用作种肥的肥料，以易于被作物幼根系吸收，又不影响幼根和幼苗生长为原则。因而要求有机肥要充分腐熟，化肥要求速效，但养分含量不宜太高，酸碱度要适宜，在土壤溶液中的解离度不能过大或盐度指数不能过高，以防在种子周围土壤水分不足时与种子争水，形成浓度障碍，影响种子发芽或幼苗生长。氮肥中以硫酸铵较好，磷肥中可用已中和游离酸的氨化普钙，钾肥中可用硫酸钾。其他品种的化肥，只有在严格控制用量并与泥土等掺和后才可用。微量元素肥料也可同时掺入，但数量应严格控制。

种肥的用量一般很少，氮、磷、钾化肥实物量每亩一般＜3～5千克，有机肥最好能腐熟过筛，一般为种子重量的2倍左右。

种肥是一种节约肥料、提高肥效的施肥方法。水稻等作物幼苗移栽时在秧根上蘸些肥料（磷肥或氮、磷肥），称作“蘸秧根”，也是一种施用种肥的方式。另一种方式是在播种前将种子包上一层含有肥料的包衣，如包在玉米种子或紫云英种子上，也称种子球化，能起到较好的种肥作用。

（三）追肥

作物生长期间所施的肥料通称为追肥。作物的生长期越长，植株越高大，追肥的必要性越大。追肥一般用速效化肥，有时也配施一些腐熟有机肥。追肥的时间由每种作物的生育期决定，如水稻等粮食作物的分蘖期、拔节期、孕穗期和棉花、番茄等的开花期、坐果（桃）期等。由于同一作物的全生育期中，可以追肥几次，故具体的追肥时期常以作物的生育时期命名，如对水稻、小麦有分蘖肥、拔节肥、穗肥等，对结果的作物有开花肥、坐果肥等。

第八节　宣传培训

一、开展多种形式的宣传活动

（一）公共媒体宣传

充分利用广播、电视、报纸等公共媒体的作用加强宣传，在公共媒体上开辟专栏，或与媒体合作制作专题或制作影视画、册、剧等方式；向领导宣传，强化对测土配方施肥的关心和支持；向农民宣传，宣传测土配方施肥对农业生产的好处，激发农民的应用热情。

（二）一般媒体宣传

应用农村小报、黑板报、墙体广告、农情小资料等宣传，不断扩大测土配方施肥的宣传面。

（三）流动宣传

利用土壤采样、农户调查和流动培训的机会，面对面地向农民宣传讲解测土配方施肥，巡回流动向农民宣传。

（四）组织多种形式的培训活动

1. 充分利用农闲培训

每年在冬、春农闲时期，要组织力量对农业技术人员特别是一线的技术人员、专业服务组织、种植大户等进行集中系统培训，强化技术的普及和操作技能的提高。

2. 充分利用媒体培训

采取定期或不定期的方式在媒体上刊登技术知识、开展技术讲座、介绍时事关键技术，让农民无时无刻都能学到、用到技术。

3. 充分利用会议培训

充分利用各种会议开展技术讲座，培训实用技术等。

4. 积极开展现场培训

一是充分利用现场观摩的形式组织人员对农民进行现场培训；二是组织专家深入田间地头对农民进行巡回指导、现场培训；三是种植大户或专业合作组织对周围农户进行现场培训。

5. 强化交流学习

有条件的地方要积极组织农业技术员、种植大户和专业合作组织人员到外地参观考察学习，学习各地的好经验、好做法、新技术。

二、印发资料

宣传培训一定要配合相关资料的印发。一是印发宣传资料，配合典型事例、技术小知识的介绍，广泛宣传测土配方施肥；二是印发技术资料，采用图、文、表等多种形式，广泛印发测土配方施肥技术知识；三是印发技术小册子，以问答、技术介绍等方式全面系统介绍测土配方施肥技术。

通过多途径、多方式的宣传培训活动，使测土配方施肥技术在项目区域内做到家喻户晓、人人会用。使领导能真正了解、支持测土配方施肥工作，不断增加对测土配方施肥事业的投入。使社会各个方面能积极参与、支持测土配方施肥工作，推进测土配方施肥的长久发展。

第九节　校正试验

校正试验的目的是为了检验肥料配方的准确性，最大限度地减少配方施肥批量生产和大面积应用的风险。具体由县级技

术人员根据优化设计提出的不同施肥分区的作物肥料配方，在相应的施肥小区范围内布置配方验证试验，设置配方施肥区、农户习惯施肥区、空白施肥区 3 个区域，以当地主要作物的主栽品种为研究对象，计算配方施肥小区的增产效果，校验施肥参数，验证并完善肥料配方。县级技术人员通过校正试验可以改进测土配方施肥的技术参数，掌握配方验证过程和最终配方的形成过程。

第十节　示范推广

针对测土配方施肥农户地块的测土结果和作物种植类型，编制测土配方施肥建议卡，由技术人员和村委会发放到户，在农技员指导下完成最后的施肥环节；或者根据不同施肥分区指导施用配方肥。要建立测土配方施肥示范区，为农民创建窗口，树立样板，全面展示测土配方施肥技术效果。测土配方施肥的示范推广工作是将测土配方施肥技术物化在产品，把生产出的配方肥推荐给广大农民，直接应用在农民的地里。2007 年，梨树县抓住社会主义新农村建设的大好契机，以测土配方施肥为切入点，在全县开展了“333”现代农业科学技术入户工程。即在全县 314 个行政村，重新组建了具有新特点的 300 个村级农业技术服务站，遴选并培植了3000个农业科技示范户，每个屯社基本保证有1～2个农业科技示范户，并通过这些示范户带动30000户农民开展测土配方施肥。打破技术推广“最后 1 千米”的“坚冰”，这个工作是对基层农业技术推广工作的一次考验。

每 667 公顷测土配方施肥田设2～3个示范点，进行田间对比示范。示范设置常规施肥对照区和测土配方施肥区两个处理，另外，加设一个不施肥的空白处理。其中，测土配方施肥、农民常规施肥处理不少于 13.34 公顷时，空白（不施肥）处理不少于 2 公顷。其他参照一般肥料试验要求，通过田间示范综合比较肥料投入、作物产量、经济效益、肥料利用率等指标，客观评价测土配方施肥效益，为测土配方施肥技术参数的校正及进一步优化肥料配方提供依据。田间示范应包括规范的田间记录档案和示范报告。

模块四　测土配方施肥常用肥料

第一节　肥料的种类

肥料是指以提供植物养分为其主要功效的物料，其作用不仅是供给作物养分、提高作物产量和品质，还可培肥地力、改良土壤，是农业生产的物质基础。20 世纪 50 年代前，农田所施用的肥料主要类别是有机肥料，20 世纪 50 年代以后开始使用化肥，随着科学的进步、时代的发展，肥料品种日益增多，但对于肥料的分类目前还没有统一的方法，人们仅从不同的角度对肥料的种类加以区分，常见的方法有以下几种。

一、化学成分

按化学成分可以分为三种：有机肥料、无机肥料、有机无机肥料。

（一）有机肥料

主要来源于植物和（或）动物，施于土壤以提供植物养分为主要功效的含碳物料，如人粪尿、家禽粪、沼液肥、堆沤肥、绿肥等。

（二）无机肥料

标明养分呈无机盐形式的肥料，由物理和（或）化学工业方法制成，如尿素、硫酸铵、碳酸氢铵、硫酸钾、磷酸二铵、

过磷酸钙、氯化钾、硫酸镁、钙镁磷肥、硼砂、硫酸锌、硫酸锰等。

（三）有机无机肥料

标明养分呈有机和无机物质的产品，由有机和无机肥料混合和（或）化合而成。

二、成分组成

按肥料中所含有效养分数量可分为单一肥料和多养分肥料。

（一）单一肥料

氮、磷、钾三种养分中，仅具有一种养分标明量的氮肥、磷肥或钾肥的统称。如尿素、硫酸铵、碳酸氢铵、硫酸钾、过磷酸钙、氯化钾、硫酸镁、硼砂等。

（二）多养分肥料

多养分肥料包括复混肥料和配方肥料。

（1）复混肥料。氮、磷、钾 3 种养分中，至少有两种养分标明量是由化学方法和（或）掺混方法制成的肥料，是复合肥料和混合肥料的总称。

（2）复合肥料：氮、磷、钾三种养分中，至少有两种养分标明量是由化学方法制成的肥料。如磷酸一铵、磷酸二铵、硝酸钾、磷酸二氢钾等。

（3）混合肥料：是将两种或三种氮、磷、钾单一肥料，或用复合肥料与氮、磷、钾单一肥料其中的一至两种，通过机械混合的方法制取的肥料，又可分为粉状混合肥料、粒状混合肥料和掺和肥料。如各种复混专用肥。

（三）配方肥料

利用测土配方施肥技术，以土壤测试和肥料田间试验为基

础，根据不同作物的需肥规律、土壤供肥性能及肥料效应，在产前提出氮、磷、钾的适宜用量和比例，并有针对性地添加适量的中量、微量元素或特定有机肥料，采用掺混或造粒工艺加工而成的，具有一定针对性和地域性的专用肥。

三、肥效作用方式

按肥效发挥的作用方式可分为速效肥料和缓效肥料。

（一）速效肥料

养分易被作物吸收、利用，肥效快的肥料。如硫酸铵、碳酸氢铵、过磷酸钙、重过磷酸钙、硫酸钾、氯化钾、硝酸铵、硝酸钾等。

（二）缓效肥料

养分所呈的化合物或物理状态能在一段时间内缓慢释放，供植物持续吸收利用的肥料，包括缓溶性肥料和缓释性肥料。

缓溶性肥料：通过化学合成的方法，降低肥料的溶解度，以达到长效的目的。如尿甲醛、尿乙醛、聚磷酸盐等。

缓释性肥料：在水溶性颗粒肥料外面包上一层半透明或难溶性膜，使养分通过这一层膜缓慢释放出来，以达到长效的目的，如包衣尿素。

四、按肥料的物理状态

按肥料的物理状态可分为固体肥料、液体肥料、气体肥料。

（一）固体肥料

呈固体状态的肥料，如尿素、硫酸铵、过磷酸钙、磷酸二铵、氯化钾、硫酸钾、硼砂、硫酸锌等。

（二）液体肥料

悬浮肥料、溶液肥料和液氨肥料的总称，如液氨、氨水等。

（三）气体肥料

常温、常压下呈气体状态的肥料，如二氧化碳。

五、作物对营养元素的需求量

按作物对营养元素的需求量可分为必需营养元素肥料和有益营养元素肥料。

（一）必需营养元素肥料

必需营养元素肥料包括大量元素肥料、中量元素肥料和微量元素肥料。

1. 大量元素肥料

利用含有大量营养元素的物质制成的肥料，指氮肥、磷肥和钾肥。

2. 中量元素肥料

利用含有中量营养元素的物质制成的肥料，常用的有钙肥、镁肥、硫肥。

3. 微量元素肥料

以微量元素为主要成分制成的肥料，也简称微肥。如锌肥、铁肥、硼肥、钼肥、铜肥和锰肥。

（二）有益营养元素肥料

有益营养元素肥料是用含有益营养元素的物质制成的肥料。这类元素是某些植物所必需的；或作物本身并不需要，但可改善作物产品品质，对人畜是必需或有益的。如硅元素（Si）是水稻、甘蔗、牧草必需元素；硒元素（Se）对植物并

不需要，但是动物必需的元素，对人体有益。

六、肥料的化学性质

按肥料的化学性质可分为碱性肥料、酸性肥料和中性肥料。

（一）碱性肥料

化学性质呈碱性的肥料，如碳酸氢铵、钙镁磷肥等。

（二）酸性肥料

化学性质呈酸性的肥料，如过磷酸钙、重过磷酸钙、硫酸铵、氯化铵、硝酸铵。

（三）中性肥料

化学性质呈中性或接近中性的肥料，如硫酸钾、氯化钾、尿素。

七、肥料的反应性质

按反应性质可分为生理碱性肥料、生理酸性肥料和生理中性肥料。

（一）生理碱性肥料

养分经作物吸收利用后，残留部分导致生长介质酸度降低的肥料，如硝酸钠。

（二）生理酸性肥料

养分经作物吸收利用后，残留部分导致生长介质酸度提高的肥料，如氯化铵、硫酸铵、硫酸钾。

（三）生理中性肥料

养分经作物吸收利用后，无残留部分或残留部分基本不改变生长介质酸碱度的肥料，如硝酸铵。

第二节　氮肥、磷肥、钾肥的施用

一、土壤肥力与施肥的关系

农民所说的地肥、地瘦，科学意义上叫作土壤肥力，也称为土壤肥沃度。影响植物生长的土壤因素包括：土壤水分、土壤养分、土壤空气和土壤热量等。这些因素又称为土壤肥力因素。土壤肥力就是指土壤能够不断为作物提供和协调其对水、肥、气、热需求的能力。各种肥力因素之间是互相影响、密不可分的。所以，土壤肥力是各种肥力因素的综合表现，是决定作物产量的重要因素。同时，它也是土壤区别于岩石的本质特征。

简单地说，岩石经过漫长时间的风化作用，逐渐由大变小，由粗变细，在土壤微生物的作用下，最后演变成现在的农田土壤。由此可见，土壤是由岩石演变而来的，但它又不同于岩石。由于土壤有肥力可以长庄稼，而岩石没有肥力不能生长植物。有人说，黄山的迎客松不是长在岩石上吗？其实这种说法是不对的。迎客松是长在岩石缝隙中的，而岩石缝隙中有了少量的土壤也能接纳雨水，所以，逐渐具备了能长迎客松的基本条件。所以说，土壤肥力是土壤区别于岩石的本质特征。

对土壤肥力应有以下两点认识。

(1) 土壤肥力是各种肥力因素的综合表现，是决定作物产量高低的重要因素。不能只说水分很重要，水多了空气就少，作物也长不好；也不能只说养分很重要，在缺水的条件下，土壤养分再多也没有用。关键是各种肥力因素要协调。

(2) 土壤肥力是不断变化的。肥力低的土壤，通过人为的培育，肥力可以提高；有些好地由于人们管理不善土壤肥力也

会下降。也就是说，土壤肥力既可以提高也可以衰退。各地高产稳产农田的建成是土壤肥力不断提高的例证；而土壤沙化和贫瘠化都是不重视土壤管理的结果。

二、土壤施肥的原因

作物生长发育所必需的16种营养元素，其中，碳、氧、氢3种是从空气和水中获取的，其余13种是靠根系从土壤中吸取的，所以说土壤是作物吸取养分的主要来源，因此，把土壤称为作物的“养分库”。土壤在长期的耕作中，受农作物根系的影响，土壤中有机质逐渐累积，微生物区系不断演变，一般情况下，土壤肥力水平会有所提高，供应养分的能力也会增强的。土壤中的大部分养分元素主要处于结构复杂的有机态和矿物态。作物根系无法直接吸收利用，属于无效态养分，这些无效态养分只有在土壤温度、水热状况合适的条件下，通过土壤微生物的分解或根系分泌物的溶解作用，才能逐渐不断地释放出来，成为有效态养分。就氮素而言，有机态氮占全氮的98%～99%，是土壤氮素的主体，作物能够直接吸收利用的氯化钾态氮和硝态氮均属速效氮，只占全氮的1%～2%，所以，还要通过施肥来补充养分，才能满足作物高产对养分的需要。因此，土壤就像植物的“养分库”，它的特点就如同仓库中储存的粮食很多，但主要是“原粮”，人们难以直接食用。在作物生长旺盛时期仅靠土壤养分的供应是难以满足植物对养分的需求，还要通过施用化学肥料来补充一些特别缺乏的养分元素，否则，作物产量将会逐年下降。

不同土壤中养分的总量和有效态养分量是有差异的，而且矿质养分的保存能力、固定和损失程度都不一样。这些都直接影响施肥的决策和效果，所以施用化肥必需考虑土壤条件。一般来说，土壤“养分库”中有效养分的供应能力是确定施肥种类和施肥量的主要依据。例如，在有机质含量很少的砂性土上，养分库的容量小，作物无法吸收到它所需的养分数量，因此，需要通过施用化肥来补充，但砂性土的保肥能力差，所以，追施氮肥要掌握少量多次的原则。同时，砂性土发小苗不发老苗，要防止作物生长后期出现缺氮早衰而减产。而黏性土发老苗不发小苗，后期氮肥不能过多过晚，以免作物贪青晚熟。

土壤除了肥力因素影响到施肥效果以外，土壤的酸碱性能强烈地影响到施肥效果。首先，不同酸碱反应影响营养元素的溶解度和有效性，如微量元素铁、锰、锌、铜等在微酸性土壤上溶解度大，有效性高，而在偏碱性的石灰性土壤上容易被固定，有效性降低，因此在华北石灰性土壤的果园中，苹果、梨和桃，很容易发生缺锌的小叶病和缺铁的黄叶病。在这些土壤上，常常要通过叶面喷施微量元素肥料来矫正果树的缺素症。

三、氮、磷、钾三要素

在大量营养元素中碳、氢、氧是由大气和水供应的，而氮、磷、钾却是要靠土壤供应的营养元素，然而我国多年来农田土壤中的养分现状普遍表现为氮素肥力较低（占耕地65%)，作物不施氮肥的产量只有施肥时最高产量的50%～69%。从土壤中氮素的形态来看，绝大部分土壤氮素是有机态的，不能立即被植物吸收。它需要土壤微生物经过分解才能被植物吸收。真正能为作物当季吸收利用的有效态氮很少。土壤中氮素养分的特点是有机态的氮素含量多，而有效态的氮素含量少，一般土壤中的有效态氮只占土壤全氮的1%～2%。磷、钾的状况也大同小异。比如，土壤中磷的含量比氮素多一些，但有效态的磷和钾却只占土壤全磷、全钾的很少一部分。总起来讲，作物对氮、磷、钾的需求量相当大，而土壤中当季可供

作物吸收利用的有效态氮、磷、钾却很少，因此，必需通过施肥来调节供需矛盾，否则作物达不到最高产量。农业实践证明，通过施用氮、磷、钾肥以后确实能够明显提高作物产量。正因为如此，人们把氮、磷、钾称为“肥料三要素”。从这个名称就看出了氮、磷、钾养分在农业生产中所占的地位。把氮、磷、钾称为“肥料三要素”有以下三个方面的意义。

(1) 氮、磷、钾三种元素作物需求量大，而土壤中有效态的供应量少这个矛盾必需通过施肥来调节。通常采用的方法是有针对性的施用氮、磷、钾肥和含氮磷钾的复合（混）肥料。

(2) 作物施用氮、磷、钾肥的增产效果显著，它们是作物增产的重要手段。通过施肥调整土壤养分状况，从而达到养分平衡供应的目的。

(3) “肥料三要素”虽是经验统计之说，但有它的科学涵义。从宏观来看，不能排斥钙、硫、锌等中量、微量元素的施用。不能将“肥料三要素”误认为“植物营养三要素”。因为植物生长发育所需的营养元素仍是16种元素，而且是同等重要和不可代替的。

应该指出，施用氮、磷、钾养分固然十分重要，但也不能排斥其他种类的营养元素，否则就会走上另一个极端。下面的例子很能说明问题。近些年来，只施用氮、磷、钾肥，而不施用中、微量元素肥料的地快，已出现作物对氮、磷、钾养分吸收的效果越来越差；在有的地区发现作物高产中的限制因子也就是最小养分已经不是氮、磷、钾了，而变成硫、锌、硼等中、微量元素的缺乏问题。多年来，由于高浓度氮、磷肥（尿素、磷铵）的大量推广施用代替了硫酸铵、普钙和钙镁磷肥等低浓度氮磷肥，使土壤中的硫、钙、镁等中量元素得不到补充，而出现了大面积的钙、镁、硫的缺素症状，影响经济作物的产量提高和品质改善。

四、氮肥在作物生长发育中的主要作用

氮素是各类土壤普遍缺乏、作物生长发育不可缺少的主要元素，一般是决定产量水平的第一因子。氮和植物体生命活动密切相关。氮是构成蛋白质、核酸和酶的主要成分，也是叶绿素、多种维生素、植物激素的组成成分。它参与体内许多物质的代谢过程，促进植物生长发育。氮素不足，叶绿素含量减少，叶色变黄，影响光合作用；蛋白质合成受阻，生长缓慢，产量降低。氮肥过多，使体内大量碳水化合物较多地转变成了蛋白质等含氮化合物，合成的纤维素、果胶等构成细胞壁的原料减少，导致植物徒长、组织柔软、抗逆性下降、贪青、晚熟，以致倒伏、减产。

五、常用氮肥的主要种类与性质

常用的氮肥按形态可分为氯化钾态、硝态、酰氯化钾态、氮氯化钾态。

(1) 铵态氮肥 (NH_4^+)。这类肥料名称中大多都有一个“铵（氨）”字，肥料中的氮素以铵态氮（铵离子）形态存在，包括单质铵态氮肥和含铵态氮的复合（混）肥。单质铵态氮肥如碳酸氢铵、硫酸铵、氯化铵、氨水、液氨；复合肥如磷酸一铵、磷酸二铵中的全部氮、硝酸铵中的氨氮。铵态氮肥均为水溶速效氮肥，易被作物吸收利用，因铵离子是带正电荷离子，易被土壤（土壤胶体带负电荷）交换吸附，不易被淋失。但在石灰性土壤中，铵态氮肥容易发生氨气挥发损失。铵态氮肥在偏碱性土壤中及通气条件下，很容易被微生物转化为硝态氮肥。

(2) 硝态氮肥 (NO_3^-)。这类肥料名称中大多有一个“硝”字，肥料中的氮素以硝态氮（硝酸根离子）形态存在。

包括单质硝态氮肥和含硝态氮的复合（混）肥。单质硝态氮肥如硝酸钙、硝酸钠；复合肥如硝酸磷肥、硝酸铵等。硝态氮肥均为水溶速效氮肥，因硝酸根离子是带负电荷的离子，不能被土壤吸附保存，容易被淋失，在缺氧气条件下（如土壤下层、稻田），又容易被还原为气体，逸出土壤进入大气而损失。

（3）酰胺态氮肥［$CO(NH_2)_2$］。尿素是有机态（酰胺）氮肥，是电离度很小的中性分子，在土壤中不能进行离子交换吸附，直接被整分子保存的也较少，不能直接被作物吸收利用。施入土壤后，只有在土壤微生物分泌的脲酶作用下，分解转化为碳酸氢铵后方可被作物吸收利用，便具有了铵态氮肥的性质。尿素在土壤中转化的快慢决定于土壤中分泌脲酶的微生物的活动条件，如土壤温度、水分、肥沃性、有机质、质地、酸碱性等。

氮肥施入土壤后，易发生系列变化，引起氨挥发、硝态氮淋失及反硝化气态损失。因此，氮肥是三大元素肥料中最活跃、不稳定、土壤难保存、损失较大的肥料。长期过量施用氮肥，大量硝态氮流入地下水或河流中会污染环境。

六、常用的氮肥品种

常用氮肥品种主要有尿素、碳酸氢铵以及一些复合（混）肥中的氮肥。

（1）尿素［$CO(NH_2)_2$］。含氮量46%。它是含氮量最高的氮肥，为白色颗粒或针状结晶，易溶于水（溶解时有强烈的吸热反应），吸湿性小，不易结块。尿素施入土壤后，在脲酶催化作用下，能较快转化为铵态氮肥（氨化），并容易转化为硝态氮肥，为作物提供氮素。尿素氨化快慢受多种因素影响，如温度高、土壤肥沃、黏质土、中性土以及土壤相对含水量为70%～80%时，氨化较快，一般春秋季节1周左右、夏季2～3天氨化达到高峰。在水田，厌氧条件下氨化作用慢。尿素做基肥、追肥均可。做稻田基肥时，应在初灌前5～7天施入。旱地在灌水（撒施）追肥方式下，尿素比铵态氮肥更容易随水渗入土层。可作种肥，但一定不要接触种子（远离种子4～5厘米为宜）。亦可叶面喷施，浓度0.5%～1%，30分钟即可显效。

（2）碳酸氢铵（NH_4HCO_3）。含氮量16.5%～17.5%。碳酸氢铵习惯称为碳铵，为白色粉末结晶，易吸湿结块，易溶于水，肥效快。干碳酸氢铵（含水≤5%）很稳定，但当空气潮湿，含水量增加（≥5%）、温度较高时，就会分解产生氨气，发生氨挥发损失。因此，应存放于干凉之处。碳酸氢铵施入土壤后，分解生成铵离子和碳酸氢根离子，铵离子与土壤胶体表面阳离子交换而被土壤胶体吸附保存。如果覆盖不好，则容易发生氨挥发损失，残存的碳酸氢根离子不仅对土壤无害，还能提供作物生产所需的碳源。碳酸氢铵宜做基肥，亦可做追肥，但都必需深施。如撒施（灌水）追肥，肥效虽快，但肥效远不如尿素持久。

（3）硫酸铵[$(NH_4)_2SO_4$]。含氮量20.5%～21%，（含硫量24%）。为白色结晶（含杂质可呈白、黄、粉红等色），是生理酸性速效氮肥。宜于在中性和石灰性碱性土壤上施用，可提高土壤中磷和一些微量元素的有效性。同样，氨态氮虽易被土壤保存，也容易发生氨挥发。由于含有硫酸根（与土壤中碳酸钙反应生成石膏），长期大量施用，也可导致土壤板结。在适合条件下，硫酸铵在土壤中还可以经硝化细菌作用而生成硝酸和硫酸。在厌氧条件下，硫酸铵还可被反硝化细菌还原为游离氮而损失。因此，硫酸铵也必需深施。硫酸铵可做基肥、种肥、追肥。做基肥时要深施覆土，做种肥时对种子发芽无不良影响，最适宜做追肥，但不宜施于排水不良的稻田（产生有

毒气体 H_2S)。

(4) 硝酸铵 (NH_4NO_3)。含氮是 32%~35%。为白色结晶，吸湿性强，具有助燃性和易爆炸性，贮运过程中严禁与易燃有机物质如柴油、木炭等放在一起，结块后可用水溶解或木棍慢慢敲碎，切忌用铁锤猛击。硝酸铵兼具硝态氮与铵态氮肥性质，可做基肥、追肥。其中，硝态氮易流失，不宜施于稻田。

(5) 氯化铵 (NH_4Cl)。含氮量 24%~25%。为白色结晶，不易吸湿，生理酸性肥料。因含有氯离子，对硝化作用有一定的抑制作用，有利于氨氮的保存。主要施用于粮食作物，如稻田，肥效很好（高于尿素、硫酸铵），但不宜施于忌氯作物，如烟草、薯类、马铃薯、甜菜等作物，西瓜、葡萄也不宜长期使用。而施于棉、麻纤维作物，能提高纤维品质。也不宜施在透水性差、排水不良的盐碱地上（加重盐害），也不适用于干旱少雨的地区。

七、合理施用氮肥

合理施用氮肥应做到以下几点。

(1) 基肥深施覆土是关键。根据氮肥易挥发损失的性质，在施用技术上就必需尽量抑制其不利的变化过程，深施就是最重要的技术措施，以抑制氨挥发、硝化及反硝化作用，最大限度地保蓄氮素（供给作物），把损失降到最小。深施，一般要求将肥料施在距地面 6 厘米以下（枸杞20~30 厘米、果树 30 厘米以下）。方法有：撒施后翻耕或旋耕（实为层施肥）、机播、顺犁沟溜施、开沟及挖坑施。基施、追施，原则上都应达到深施的要求。一般密植作物追肥不易做到深施，应优先选用尿素，撒施后灌水（或大雨），以水带肥渗入土层；若用碳酸氢铵，肥效虽快，但损失大（随水渗入较少），肥效持续时间短。

（2）应分次施用。氮肥因易淋失和发生氨损失，因此，应分为基肥和不同次数的追肥施用。

（3）克服、避免肥料本身不利的个性特点。①硝态氮肥，不宜用于稻田；②含氯肥料，不宜施于对氯敏感的作物（前述），不要用于透排水不良的土壤（尤其是盐碱地），干旱区无灌溉农田不能长期大量施用；③尿素做稻田基肥时，应在初灌前5～7天施入（即大量转化为铵氮后再灌水）。

土壤保存氮肥的能力较小，施入的氮肥损失较大，基本无后效。因此，在某种土壤某一作物上，在产量水平相对稳定的情况下，年年都需适量施入。

八、磷肥在作物生长发育中的主要作用

磷是植物体内核蛋白、核酸、磷脂、植素和很多酶的组成分。核蛋白是细胞核的主要成分，磷脂是原生质的重要成分。蛋白质和核酸对生命活动起着决定性作用，磷脂能调节生命机能，促进体内各种代谢作用。磷参与构成生物膜及碳水化合物、含氮物质和脂肪的合成、分解和运转等代谢过程。合理施用磷肥，能够促进植物生长发育，使其籽实饱满，品质好，产量高。农作物若缺磷，则生育迟缓，晚熟。缺磷会影响糖的转化、运输，有利于花青素的形成，出现新叶暗绿，老叶红紫的症状。

九、磷肥的主要种类与性质

1. 水溶性（速效）磷肥

（1）负一价（$H_2PO_4^-$）磷肥。指碱金属（钾、钠）和碱土金属（钙、镁）与负一价磷酸根的盐类。单质磷肥如过磷酸钙（普钙）、重过磷酸钙（三料磷肥），复合肥如磷酸一铵、磷

酸二氢钾。

(2) 负二价（HPO_4^{2-}）磷肥。指铵、碱金属与负二价磷酸根的盐类。如复合肥磷酸二铵、磷酸二氢钾（KH_2PO_4）。

(3) 负三价（PO_4^{3-}）磷肥。指磷酸及其碱金属盐磷酸如磷酸钾（K_3PO_4）。

2. 弱酸溶性（迟效）磷肥

指能溶于柠檬酸、碳酸等弱酸的磷肥，即相当于植物根系分泌的酸所能溶解的磷肥。

(1) 负二价磷肥。指碱土金属的二价磷酸盐，如沉淀过磷酸钙（$CaHPO_4 \cdot 2H_2O$）等。

(2) 负三价磷肥。如钙镁磷肥 $\alpha-Ca_3(PO_4)_2$ [而 $\beta-Ca_3(PO_4)_2$ 为难溶性磷肥]。

3. 中强酸溶（难溶性）磷肥

指只能溶于磷酸、硫酸等中、强酸的磷肥。如磷矿粉、骨粉，主要成分是磷酸三钙 [$Ca_3(PO_4)_2$]。

磷素养分是以带负电荷的磷酸根形式存在的，因此，不易被土壤吸附保存。但是，磷肥一旦施入土壤，极易发生一系列化学变化而被土壤固定，可溶性下降，肥效下降，以至生成难溶性磷酸盐，丧失肥效。磷肥主要就是通过化学吸收被固定保存，不易移动、淋失，一般也没有气态损失。磷肥容易被土壤固定，有效性下降，但不易损失，长期大量施用，会在土壤中大量积累；而且在酸性土壤（南方酸性土）、植物根系分泌酸性物质和微生物、有机物质腐解所产生的酸的作用下，无效态的磷又可逆向转化为有效态磷，后效极为显著而持久。长期过量施用磷肥，不仅增加经济成本，而且可能污染环境水体（如江湖、近海的“赤潮”现象）。

试验和实践证明，磷酸二铵施入石灰性土壤后，其中，铵离子很快被钙离子置换，水溶速效磷即转化为弱酸溶性迟效磷，在严重缺磷土壤上（如新垦荒地），其中的磷肥效果往往不如重钙、普钙及磷酸一铵。在石灰性土壤条件下，最适宜选用水溶性速效磷肥，特别是严重缺磷的情况下，更要选用水溶性一价速效磷肥（重钙或普钙）。

十、钾肥在作物生长发育中的主要作用

与氮、磷不同，钾虽为植物必需元素，但在植物体内却以离子状态存在，因而具有高度的渗透性、流动性和再利用特性。钾在植物体内含量较高，特别是生长活跃的部分，如芽、幼叶、根尖等。钾对60多种酶体系的活化起关键作用，促进光合作用和多种代谢过程，钾与原生质生命活动、蛋白质和碳水化合物以及油脂的合成密切相关。增施钾肥可提高农作物的品质，如使糖料作物和瓜果含糖量高、酸度降低，提高油料作物含油量，增加烟草叶片厚度并提高燃烧性和香味，有利于降低蔬菜硝酸盐含量。因此，钾有“质量元素”的美称。钾能促进纤维素形成、维管束发育，使作物茎秆坚韧，增强农作物抗旱、抗寒、抗病虫、抗倒伏等抗逆能力。

十一、钾肥的主要种类与性质

钾是碱金属元素，在肥料、土壤、植物体内多以离子形态存在，十分活跃。钾肥是钾的盐类，施入土壤易被土壤交换性吸附而被保存（如同氮肥中的铵态氮肥一样），少量进入土壤黏土矿物结晶层间被固定而失效。钾肥不像磷肥那样容易发生化学固定，难以移动，也不像氮肥那样容易流动和发生气态损失，钾的性质介于二者之间，其活动性显著低于氮肥，远远超过磷肥；既能被土壤保存，也有一定的淋失，施量较多时，具有一定后效。

施用钾肥主要有氯化钾、硫酸钾。

(1) 氯化钾 (KCl)。含钾 60%左右。氯化钾是世界上最主要的钾肥品种，占钾肥总量的 90%以上。氯化钾呈白色或淡黄色、砖红色，为化学中性生理酸性肥料。它的主要特点是含有氯离子 (Cl^-)，与氮肥中的氯化铵一样，不适宜在对氯敏感的作物上使用，如烟草、薯类、糠料、葡萄等。若要施，量要减少，而且应做基肥早施 (以便早淋洗)。但氯对粮食作物无明显影响，能提高棉、麻等纤维作物的纤维品质。氯化钾在南方酸性土壤上施用，会增加酸害，需要配施石灰；适宜在北方石灰性土壤上施用。在有灌溉、多雨条件下，一般不会发生氯离子的积累。但是，在干旱、年降水量少于 700 毫米、无灌溉条件下，氯离子容易积累，可导致危害。在盐渍土上施用，会加重盐害。氯化钾可做基肥、追肥施用。在需要施钾肥的情况下，一般每亩施5～10千克。不宜作种肥 (氯离子会抑制种子萌发和幼苗生长)。

(2) 硫酸钾 (K_2SO_4)。含钾量 48%～52%。硫酸钾也是化学中性生理酸性肥料，为白色或淡黄色结晶，还有少量的红色结晶。由于硫酸根离子 (SO_4^{2-}) 的存在，在酸性土壤上施用会增加酸度；在石灰性土壤上施用，与土壤中的碳酸钙生成难溶的石膏，长期施用可引起土壤板结；在排水不良、还原性强的情况下 (如低洼稻田)，可发生有毒气体硫化氢 (H_2S) 中毒。硫酸钾适用于各类作物，在喜硫作物油菜、蔬菜、果树等上效果更好。可做基肥、种肥 (不接触种子)、追肥，可叶面喷施。在需要施钾肥的情况下，每亩施6～12千克。

十二、钾肥的合理施用技术

(1) 深施。钾肥虽然活动性较好，可深施，可面施 (撒施灌水)，但因表层土壤干湿变化大而频繁，会增加土壤对钾的层间固定，因而钾肥也应以深施为主。

（2）以基施为主。可全部做基肥（钾肥易被土壤保存）；也可基肥、追肥分次施用（流动性较好）。

（3）在沙性土上施用。强调应与有机肥混合施用，以减少流失。

（4）因土因作物施用。氯化钾不适宜在干旱（年降水少于700毫米）和无灌溉条件下及在盐渍土上施用。不适宜在对氯敏感作物上施用，如马铃薯。蔬菜、瓜果等也尽可能少施或不施。钾肥应优先施于喜钾作物，如豆科作物，薯类作物，甜菜、甘蔗等糖用作物，棉花、麻类等纤维作物，以及烟草、果树等都是需钾较多的作物。禾本科作物中以玉米对钾最为敏感，水稻中的杂交稻需钾也比较多。因此，钾肥应优先施于这些喜钾作物上，可以发挥钾肥的最大效益。钾肥应优先施于缺钾土壤，当速效钾含量小于120毫克/千克的壤质土，应增施钾肥；当速效钾含量为120～160毫克/千克的壤质土，酌情补施钾肥；当速效钾含量大于160毫克/千克的壤质土，可不施钾肥。沙质土大多是缺钾土壤，施用钾肥的效果十分明显。值得注意的是沙性土施钾时应控制用量，采取少量多次的方法，避免钾的流失。钾肥应优先施于高产田，一般来讲，中、低产田因产量水平不高，补钾问题并不突出。而高产田由于产量高，带走的钾素多，往往出现缺钾现象，在一定程度上成为作物高产的限制因素。因此，钾肥应优先施于高产田，可以充分发挥平衡施肥的作用。这是一项十分重要的增产措施。钾肥应优先施用于长期不施用农家肥的农田。农家肥钾素含量较高，长期不施用农家肥使得土壤中的钾素得不到补充，因此，往往土壤速效钾含量都较低。

十三、氮、磷、钾肥料合理施用技术要点

（1）深施是关键。深施是有机肥、氮、磷、钾肥的一项最基本、最关键的技术。原因是：深施有利于有机肥腐解、减少氮肥的分解挥发损失、抑制硝化（进而反硝化）作用，减少淋失和还原氮气态损失；深施能够使难移动的磷肥接近植物根系；深施能够减少钾肥因施于表土受干湿交替作用导致的层间固定（失效）。

深施方法：撒肥后耕翻或重耙旋耕（实为全层施肥），机播（包括种肥），开沟及挖坑施。在地面追肥时，必需结合灌水或在大雨前进行，稻田追肥可先落干几天，再追肥灌水。地面追肥，一般仅限于氮肥，钾肥亦可，磷肥除水稻外在旱作上则很不应该。

尿素表施灌水追施比碳酸氢铵好。据试验，尿素渗入0～10厘米土层的占15%～20%，渗入10～30厘米的占80%。而碳酸氢铵仅为尿素渗入量的14.3%～28.6%（即尿素渗入量是碳酸氢铵的3.5～7倍）。

碳酸氢铵表施灌水的损失：1天6.1%，3天12.5%；碳酸氢铵深施灌水的损失：深施3厘米，8天损失10.5%；6厘米，6天无损失。

（2）按照肥料的个性正确使用。有机肥一般只做基肥施用（便于施入土层，创建水、热、气、微生物腐解环境）。氮肥必需分次施用。因其易损失，应该分为基施与不同次数的追施。磷、钾肥可全部基施。因磷、钾肥不易损失或损失较少，一般作物追施又不易做到深施，因此可全部作为基肥施用。但如枸杞、果树等，追肥也采用挖沟、挖坑方式进行，分次施用当然更好（减少固定损失，钾肥还可减少淋失量），硝态氮肥（包括含硝态氮的多元肥）不应施于稻田。尿素若做稻田基肥，应在初灌前5～7天施入（让其转化为铵态氮）。含氯肥料不宜施于盐碱地、排水不良的低洼地、干旱半干旱区土壤（年降水不足700毫米）；对氯敏感的作物，如烟草、薯类、枸杞、果树等，以及绿色蔬菜生产，不要施用。在灌区的谷类作物上施用，是完全可以的（尤其是水稻，氯化铵的效果往往高于其他氮肥）。

（3）化肥与有机肥配合施用。有机肥不仅养分齐全，能改良土壤，而且能够提高化肥利用率（特别是对磷肥）。

十四、常用的二元肥料主要品种及施用技术

只含有一种大量营养元素（或氮，或磷，或钾）的肥料，称之为单质（单一）肥料，即分别称为氮肥、磷肥、钾肥。而含氮、磷、钾三大元素中的二或三种的肥料，即为多元肥料。

多元肥料按其制造方法，可将多元肥料称之为复混肥料，复混肥料是复合肥料和混合肥料的统称，是由化学方法或物理方法加工制成的。通常有复合肥料、混合肥料和掺混肥料（BB肥）。复合肥料是直接通过化合作用或混合氨化造粒过程制成的肥料。有二元复合肥和三元复合肥。

（1）常用的氮磷二元复合肥。主要有磷酸二铵、硝酸磷肥及部分磷酸一铵。这类肥料有固定的分子式，养分含量稳定。①磷酸二铵：分子式为 $(NH_4)_2HPO_4$，总养分为62%～75%，其中，含氮（N）16%～21%、五氧化二磷（P_2O_5）46%～54%。白色单斜晶体，水溶液呈微碱性，pH 7.8～8.0。易溶解，在10℃时，每100毫升水中可溶解63克。一般情况下，磷酸二铵比较稳定，只有在湿、热条件下可引起氨的部分挥发。它是以磷为主的氮磷复合肥，其中氮为铵态氮、90%以上的磷为负二价水溶磷。磷酸二铵可做基肥、种肥和追肥，亩施量一般为10～15千克。但如前所述，都应做到

深施。不要与碱性肥料如碳酸氢铵、草木灰混合施用。做种肥时，除小麦与种子掺混同播外，其他情况均不能与种子接触。与小麦掺播，实际是以牺牲部分种子为代价、换得（出苗）壮苗的效果。据试验，小麦套玉米情况下，亩用磷酸二铵 10 千克做种肥，小麦出苗率从（不用种肥）94%下降到 70%；磷酸二铵减少到 5 千克，则出苗率提高到 84%。②磷酸一铵：分子式为 $NH_4H_2PO_4$，养分总量在 57%～66%。其中，含氮量 9%～13%、含磷量 48%～53%。白色四面体结晶，水溶液呈微酸性，pH 4.0～4.4。性质稳定，氨不易挥发。溶解常随温度的增高而加大，在 10℃时，每 100 毫升水中可溶解 29 克，而当水温达 100℃时，可溶解 173 克。磷酸一铵是以磷为主的氮磷复合肥，其中氮为铵态氮、85%以上的磷为负一价水溶磷，其性质优于磷酸二铵，只是其中的氮素含量要少一半。从磷的形态（负一价）和酸性看，在石灰性土壤上施用，效果好于磷酸二铵，这在宁夏和河南等地均有试验证实。磷酸一铵的施用方法、用量和注意事项与磷酸二铵一样。③硝酸磷肥：硝酸磷肥是用硝酸分解磷矿粉，经氨化而制成的氮磷二元复合肥料，其优点是既节省硫酸，又能提供氮素养分。硝酸磷肥的养分含量因制造方法有较大差异，其中，冷冻法制造的硝酸磷肥含氮磷养分比为20∶20；碳化法硝酸磷肥含 N 18%～19%，P_2O_5 12%～13%；而混酸法硝酸磷肥含 N 12%～14%，P_2O_5 12%～14%。施用的硝酸磷肥，含氮 26%、P_2O_5 13%，是以氮为主的氮磷复合肥。硝酸磷肥中既含硝态氮，又含铵态氮。硝酸磷肥作用快，使用方便。从性质看，因含硝态氮不适宜稻田施用；因不完全是水溶性磷，磷的效果可能不如普钙或重钙。故硝酸磷肥适宜在旱作物上施用，可做基肥、种肥和追肥。施用量一般因土壤肥力水平和产量高低而定。土壤肥沃、产量高的地块一般每亩基施30～40千克，低产田可适当减少用量，亩基施10～20千克。做种肥时每亩施用5～7千克为宜，注意不能与种子接触，以免烧苗。

（2）施用的氮钾二元复合肥。主要有硝酸钾，分子式为KNO_3，总有效养分含量为57%～61%，其中，含氮12%～15%、K_2O 45%～46%。为斜方或菱形白色结晶。吸湿性小，不易结块。硝酸钾是制造火药的原料，在贮运过程中避免与易燃有机物如木炭等接触，防高温、防燃烧、防爆炸。硝酸钾适用于喜钾作物，如烟草、薯类、甜菜、西甜瓜等。因含硝态氮，可做旱地追肥，不宜在稻田施用。一般每亩用量10～15千克。硝酸钾是对氯敏感作物的理想钾源，也是配制专用肥的理想原料。用硝酸钾配制的专用肥其吸湿性明显比用氯化钾低。

施用的磷钾二元复合肥主要有磷酸二氢钾分子式为KH_2PO_4，是一种高浓度的磷钾复合肥，总有效养分87%，其中，含磷52%、钾35%。纯净的磷酸二氢钾为灰白色粉末状，易溶于水，吸湿性小，水溶液呈酸性，pH 3.0～4.0。磷酸二氢钾可做基肥、种肥、追肥。但由于价格高，一般只用于浸种或喷施。浸种用0.2%水溶液浸24小时左右，阴干播种；喷施用0.1%～0.2%水溶液，每亩喷施50～75克。

第三节　微量元素肥料的施用

一、微量元素在植物生长发育中的主要作用及特点

微量元素是作物正常生长所必需的营养元素。目前，公认的植物必需补充的微量营养元素有铁（Fe）、硼（B）、锌（Zn）、锰（Mn）、铜（Cu）、钼（Mo）等。在植物体内，它们是酶或辅酶的组成成分，能促进叶绿素的合成和蛋白质的合成，增强光合作用。当土壤中缺乏某种微量元素时，作物产量

减少，品质降低。

微量元素的特点是用量少、针对性和技术性强，施用不当不仅浪费肥料资源，而且也会污染土壤，毒害作物，甚至影响人畜健康。

二、判断作物是否需要施用微量元素肥料的依据

土壤微量元素施用量推荐采用因缺补缺的方法。判断作物是否需要施用微量元素肥料，一是直接观察作物是否有缺素症状；二是要根据土壤微量元素有效含量情况来确定。如果土壤有效微量元素含量小于临界值，则需施用相应的微量元素肥料。

三、合理施用微量元素肥料

不同作物品种对微量元素的需求量是不同的。施用微量元素肥料一定要根据所种植的作物品种需肥特性和土壤中微量元素含量水平，如施用过量，就会造成作物中毒和污染土壤。微量元素肥料的主要施用方法有施用于土壤中、拌种、浸种和喷施等。

第四节　生物肥料

生物肥料即通常所说的微生物肥料，它是一种间接肥料，实质是微生物制剂。所谓微生物肥料是含有活微生物的特定制品，靠其中活微生物的生命活动起关键作用，应用于植物生产，可以取得特定的肥料效应。

其作用有两个方面：①固氮菌类、解磷解钾菌类等，通过这类微生物的活动，增加了土壤中的营养元素供应。②有些微生物可产生植物生长激素，根圈促生细菌。它们既有能刺激植

物生长的作用，也有抗病作用，可以减轻植物病虫害。

由于微生物的种类和制品较多，也比较复杂，对它们的归属问题还有不同的认识。其中大部分是既有肥效又有刺激作用，因此，有人认为，应归为肥料，也有的人认为有些应归为微生物农药类或激素类。

微生物肥料的剂型通常有三类：①固体粉状草炭型；②液体剂型；③颗粒剂型等。

目前，常用的微生物肥料有：①根瘤菌肥料，主要用于豆科植物；②固氮菌类肥料，适用于禾本科作物如小麦、玉米，也有的用于蔬菜；③解磷微生物肥料，在我国已应用多年，但发展不快，应用不普遍，原因是解磷微生物种类多而机理不清楚，菌剂质量有时不能保证；④钾细菌肥料，这类肥料均有待进一步研究。

微生物肥料的施用必需注意以下几个方面：①产品质量是否得到保证；②产品种类和使用的农作物应相符；③要在产品有效期内使用；④贮存温度要合适（不超过 20℃ 为宜，4～10℃最好）；⑤应严格按使用说明书的要求使用；⑥注意配伍禁忌。

微生物肥料的使用并非适用于所有地区、所有土壤和所有作物。多年试验研究表明，微生物肥料在中、低肥力水平的地区使用效果较好，土壤肥力本身就很高的地区使用效果较差。另外，微生物肥料的肥效与土壤的酸碱度和作物的种类也有一定关系。

一、固氮菌肥的施用

固氮菌肥料是含有大量好气性自生固氮的微生物肥料。自生固氮菌不与高等植物共生，没有寄主选择而是独立生存于土壤中，利用土壤中的有机质或根系分泌的有机物作碳源来固定

空气中的氮素或直接利用土壤中的无机氮化合物。固氮菌在土壤中分布很广，其分布主要受土壤中的有机质含量、酸碱度、土壤湿度、土壤熟化程度及速效磷、钾、钙含量的影响。

（1）固氮菌对土壤酸碱度反应敏感，其最适宜 pH 为 7.4～7.6，酸性土壤上施用固氮菌肥时，应配合施用石灰以提高固氮效率。过酸、过碱的肥料或有杀菌作用的农药，都不宜与固氮菌肥混施以免发生强烈的抑制。

（2）固氮菌对土壤湿度要求较高，当土壤湿度为田间最大持水量的 25%～40%时才开始生长，60%～70%时生长最好，因此，施用固氮菌肥时要注意土壤水分条件。

（3）固氮菌是中温性细菌，最适宜的生长温度为 25～30℃，低于 10℃或高于 40℃时，生长就会受到抑制。因此，固氮菌肥要保存于阴凉处，并要保持一定的湿度，严防曝晒。

（4）固氮菌只有在碳水化合物丰富而又缺少化合态氮的环境中，才能充分发挥固氮作用。土壤中碳氮比低于（40～70）∶1 时，固氮作用迅速停止。土壤中适宜的碳氮比是固氮菌发展成优势菌种、固定氮素最重要的条件。因此，固氮菌最好施在富含有机质的土壤中，或与有机肥料配合施用。

（5）土壤中施用大量氮肥后，应隔 10 天左右再施固氮菌肥，否则会降低固氮能力。固氮菌剂与磷、钾及微量元素肥料配合施用，则能促进固氮菌的活性，特别是在贫瘠的土壤上。

（6）固氮菌肥适用于各种作物。特别是对禾本科作物和蔬菜中的叶菜类效果明显。固氮菌肥一般用作拌种。随拌随播，随即覆土，以避免阳光直射，也可蘸秧根或作基肥施在蔬菜苗床上，或追施于作物根部，或结合灌溉追施。

二、磷细菌肥料的施用

磷细菌肥料是能强烈分解有机或无机磷的微生物制品，其中，含有能转化土壤中难溶性磷酸盐的磷细菌。磷细菌有两种：一种是有机磷细菌，在相应酶的参与下，能使土壤中的有机磷水解转变为作物可利用的形态；另一种是无机磷细菌，它能利用生命活动产生的二氧化碳及各种有机酸，将土壤中一些难溶的矿质态磷酸盐溶解成为作物可以利用的速效磷。磷细菌在生命活动中除具有解磷的作用外，还有促进固氮菌和硝化细菌的活动，分泌异生长素、类赤霉素、维生素等刺激物质，刺激种子发芽和作物生长的作用。

磷细菌肥料适用于各种作物，要求及早集中施用。一般做种肥，也可做基肥和追肥。做种肥时要随拌随播，播后覆土。移栽作物时则宜采用蘸秧根的办法。作基肥时可与有机肥拌匀后条施或穴施或是在堆肥时接入解磷微生物，充分发挥其分解作用，然后将堆肥翻入土壤，这样施用的效果比单施好。磷细菌肥料不能直接与碱性、酸性或生理酸性肥料及农药混施，且在保存或使用过程中避免日晒，以保证活菌数量。磷细菌属好气性细菌，在通气良好，水分适当、温度25～35℃、pH 为6.0～8.0时生长最好，有利于提高磷的有效性。

三、钾细菌肥料的施用

钾细菌肥料又称生物钾肥、硅酸盐菌剂，是由人工选育的高效硅酸盐细菌，经过工业发酵而成的一种生物肥料。该菌剂除了能强烈分解土壤中硅酸盐类的钾外，还能分解土壤中难溶性的磷。不仅可以改善作物的营养条件，还能提高作物对养分的利用能力。试验证明，施用钾细菌，对作物具有增产作用。

钾细菌肥料可用做基肥、追肥、拌种或蘸秧根。但在施用

时应注意以下几个方面的问题。

（1）做基肥时，钾细菌肥料最好与有机肥配合施用。因为硅酸盐细菌的生长繁殖同样需要养分，有机质贫乏时不利于其生命的进行。

（2）紫外线对菌剂有破坏作用。因此，在储藏、运输、使用时避免阳光直射，拌种时应在避光处进行，待稍晾干后（不能晒），立即播种、覆土。

（3）钾细菌肥料可与杀虫、杀真菌病害的农药同时配合施用（先拌农药，阴干后拌菌剂），但不能与杀细菌农药接触，苗期细菌病害严重的作物（如棉花），菌剂最好采用底施，以免耽误药剂拌种。

（4）钾肥细菌适宜生长的pH为5.0～8.0，因此，钾细菌肥料一般不能与过酸或过碱的物质混用。

（5）在速效钾严重缺乏的土壤上，单靠钾细菌肥料往往不能满足需要，特别是在早春或入冬前低温情况下（钾细菌的适宜生长温度为25～30℃），其活力会受到抑制而影响其前期供钾。因此，应考虑配施适量化学钾肥，使二者效能互补。但钾细菌肥料与化学钾肥之间存在着明显的拮抗作用，二者不宜直接混用。

（6）由于钾细菌肥料施入土壤后释放速效钾需要一个过程，为保证有充足时间提高解钾、解磷效果，必需注意早施。

四、抗生菌肥料的施用

抗生菌肥料是指用能分泌抗菌素和刺激素的微生物制成的肥料。其菌种通常是放线菌，我国应用多年的“5406”即属此类。其中的抗菌素能抑制某些病菌的繁殖，对作物生长有独特的防病保苗作用；而刺激素则能促进作物生根、发芽和早熟。“5406”抗生菌还能转化土壤中作物不能吸收利用的氮、磷养分，提高作物对养分的吸收能力。

“5406”抗生菌肥可用作拌种、浸种、蘸根、浸根、穴施、追施等。施用中要注意的几个问题。

（1）掌握集中施、浅施的原则。

（2）“5406”抗生菌是好气性放线菌，良好的通气条件有利于其大量繁殖，因此，使用该肥时，土壤中的水分既不能缺少，又不可过多，控制水分是发挥“5406”抗生菌肥效的重要条件。

（3）抗生菌适宜的土壤 pH 为 6．5～8．5，酸性土壤施用时应配合施用钙镁磷肥或石灰，以调节土壤酸度。

（4）“5406”抗生菌肥施用时，一般要配合施用有机肥料和磷肥，但忌与硫酸铵、硝酸铵、碳酸氢铵等化学氮肥混施。此外，抗生菌肥还可以与根瘤菌、固氮菌、磷细菌、钾细菌等菌肥混施，一肥多菌，可以相互促进，提高肥效。

第五节　叶面施肥

一、叶面施肥的含义

叶面施肥是指将一种无毒无害并含有各种营养成分的有机、无机水溶液按一定剂量和浓度喷施在植物的叶面上，起到直接或间接供给养分的作用，这是根外追肥的一种手段。

其实用于根部施用的肥料与叶面施用的肥料并没有严格界线，凡是无毒、无害并含有营养成分的肥料水溶液，按一定剂量和浓度喷施在作物的叶面上，起到直接或间接地供给养分的作用，均可做叶面肥。

二、叶面施肥的特点

与根部施肥相比，叶面肥具有能够迅速补充作物养分、提高肥料利用率的特点，归纳起来主要有以下几点。

（1）养分吸收快，肥效好。叶面肥施用后，短时间内作物即开始吸收，24 小时后所施养分中的大多数元素吸收率可超过 50%，有的元素的吸收速度甚至更快，根据试验：作物喷 2%浓度的过磷酸钙浸提溶液，经 5 分钟后便可运转到植株各个部位，而土施过磷酸钙，15 天后才能达到此效果。

（2）节省肥料和投资。施用叶面肥可以避免养分在土壤中的固定和淋溶，从而提高肥效和肥料利用率。据有关部门试验叶面肥料的利用率可以达到 80%～90%，施用效果与用量大几十倍的土壤施肥效果相当。

（3）针对性强。叶面肥可以根据作物叶面缺肥特征及时喷施补充缺少的元素而满足作物生长需要。

三、叶面肥的类型

叶面肥的成分多种多样，品种繁多，但根据其成分可以概括为三大类。

（1）营养剂类型。化肥类叶面肥、腐殖酸及氨基酸类有机液肥是供应各种作物营养元素的肥料，常用作叶面喷施的有：尿素、硫酸铵、硝酸铵、过磷酸钙、磷酸二氢钾、磷酸铵、硫酸钾和硫酸锌、硫酸锰、硫酸铜、硼砂或硼酸、钼酸铵与其他微量元素肥料及腐殖酸液肥等。

（2）植物生长调节剂。植物在其生长的过程中，不但能合成许多营养物质与结构物质，同时，也产生一些具有生理活性的物质，称为内源植物激素。这些激素在植物体内含量虽然很少，但能调节与控制植物的正常生长与发育。诸如细胞的生长分化、细胞的分裂、器官的形成、休眠与萌芽、植物的趋向性、感应性以及成熟、脱落、衰老等，无不直接或间接受到激素的调控由人工合成的一些与天然植物激素有类似分子结构和生理效应的有机物质，叫作植物生长调节剂。植物生长调节剂和植物激素一般合称为植物生长调节物质。目前生产上常用的植物生长调节物质有：①生长素类：如萘乙酸、吲哚乙酸、防落素、2，4－D、增产灵、复硝钾、复硝酸一钠（爱多收）、复硝铵（多效丰收灵）等；②赤霉素类：赤霉素类化合物种类较多，但在生产上应用的赤霉素主要有赤霉酸（GA_3）及GA_4、Gk_7等；③细胞分裂素类：如5406；④乙烯类：乙烯利（乙烯磷、一试灵）；⑤植物生长抑制剂或延缓剂：如矮壮素、缩节胺、多效唑、整形素等。除以上外，还有芸薹素内酯、油菜素内酯、玉健壮素、脱落酸、脱叶剂、三十烷醇等。

（3）植物生长调节剂加营养元素类型。其国家标准为植物生长调节剂加上微量元素，其中单质微量元素含量之和≥4％。

四、叶面施肥中应注意的问题

（1）严格按产品使用说明书使用；不同的叶面肥有不同的使用浓度，不是浓度越高越好，而且在使用时要充分搅拌，使之完全溶解。

（2）喷施叶面肥料要注意温度、光照、湿度和降雨等环境因素，施用后应尽量使肥液有较长的时间附着在作物的叶面上，使作物充分吸收。施用时间一般应在晴天的9：00时前或16：00后露水干后喷施较好。中午太阳光强烈和大风、下雨时都不适宜进行，如果是阴天则全天都可以进行。

（3）喷施要均匀：叶面肥的养分主要是通过叶面角质层和气孔进入作物内部吸收利用的。因此，在喷施叶面肥时一定要喷施均匀，上中部叶片最为重要，尤其是嫩叶。而且叶的正反

面均要喷到，这样其吸收效果最佳。

（4）叶面肥不能代替土壤施肥：叶面肥料只是根部施肥的一种辅助，它替代不了根部施肥，因此，施用时一定要与土壤施肥相结合，氮、磷、钾相配合，才能满足作物全生育期对营养元素的需求。

（5）溶液要充分黏附在叶片上，为了做到这一点，一般使用性能较好的喷雾器，最好混合少量的“湿润剂”，如中性肥皂或酸碱性弱的洗涤剂，浓度一般为0.1%～0.2%，以促进养分渗入叶内。

第六节　有机肥料

一、有机肥的定义及主要作用

有机肥料是指主要来源于植物和（或）动物，经过微生物分解转化堆腐而成，含有大量有机物的肥料。它是利用人畜粪尿、绿肥、秸秆、饼肥及有机废弃物等为原料，就地积制而成的自然肥料，也称为“农家肥料”。有机肥料含有有机物质和有机、无机营养成分，养分全、功能多，谓之“完全肥料”。有机肥料不仅含有许多大量元素和微量元素，而且还含有一些刺激植物生长的物质（如维生素、生长激素、胡敏酸等）和多种有益土壤的微生物。有机肥料肥效慢而持久故又名迟效性肥料。由于有机肥料中含有较多的有机物、腐殖质，所以，它是培肥地力、改良土壤的好肥料，而且能促进土壤团粒结构的形成，增强土壤的保肥保水能力，改善土壤的水分和空气条件，提高土壤对酸碱物质的缓冲能力，促进土壤中有益微生物的活动和繁殖，从而能全面改善土壤的物理、化学、生物性状，为作物生长发育创造良好的环境。

二、有机肥料的分类和特点

有机肥料的种类很多，一般分为人畜和家禽粪尿、农作物秸秆、饼粕、草炭、泥炭、城市垃圾、污水、污泥等。可以说，哪里有农业、畜牧业，哪里有人类的日常生活活动，哪里就有有机肥的肥源。有机肥的肥料来源广泛，是所有生物的排泄物或残渣或腐熟分解物。

有机肥料含有丰富的有机质和各种养分，施用有机肥料不仅能改善土壤的理化性质，提高土壤肥力，还能防止土壤污染，即达到培肥土壤、稳产高产、增产增收的目的。不足的方面是，与化肥相比，有机肥不仅肥效持久缓慢，肥料中的养分当季利用率低，而且也存在不卫生、养分含量低、体积大和使用不方便等缺点。

三、有机肥在农业生产中的作用

在我国的农业生产中，一直是靠有机肥料改良土壤，培肥地力，生产粮食、棉花和油料等，养育着全国人民的祖祖辈辈。可见在农业生产中有机肥起到了极为重要的作用。有机肥料含有植物所需要的大量营养成分、各种微量元素、糖类、脂肪和多种生物性激素，有效成分能直接供应农作物吸收利用，有机肥中的生物能量被土壤中的微生物利用。而且实践表明，具有多种功能的有机肥料，与养分含量高、速效性化学肥料配合施用，既能为作物高产、稳产、增产、增收提供充足的养分，又能够培肥土壤，为作物创造良好的环境条件，还可以节省农业投资，取得较好的经济效益和社会效益。

四、施用有机肥料可以改良土壤的原理

有机肥料中含有丰富的有机物质，能改良土壤的物理、化

学和生物特性，熟化土壤，培肥地力。施用有机肥能增加许多有机胶体，增大土壤的吸附表面，使土壤颗粒胶结起来，变成稳定性的团粒结构，提高土壤保水、保肥和透气的性能，并且有调节土壤温度和湿度的能力。

施用有机肥料还可大量繁殖土壤中的微生物，特别是许多有益的微生物，如固氮菌、氨化菌、硝化菌、纤维分解菌和磷钾细菌等。长期施用有机肥，土壤中有益微生物的数量会明显增加，土壤的生理活性会提高，使土壤养分状况越来越好，土壤中的能量越来越充足，土壤的缓冲性能和抗逆性能都会明显提高。

有机肥料在土壤中经过腐烂分解形成腐殖质，腐殖质中含有一定的羧基、羟基、酚羟基和醌基等。这些功能团具有刺激作用，能增加植物体内的酶活性，加强呼吸作用和光合作用，增强植物体内物质的合成、运转和积累。

五、长期施用有机肥能减少和防止环境污染

长期施用有机肥料，可以防止和减少环境污染。具体体现在两个方面：首先，利用人畜、家禽的排泄物积存制作为肥料施入土壤里，消除了对一个局部地域的地表和地下水资源、土地和小气候的污染，减少了对人畜、动植物病虫危害的蔓延。其次，由于长期施用有机肥，使土壤有机质含量增加和更新，这样可大大提高土壤的吸附能力，对去除土壤中有毒物质或减轻其毒害有利。据研究，土壤腐殖质的存在对农药的吸附，不仅控制了农药在土壤中的残留，而且能促进残毒的降解、流失和挥发。另外，土壤中汞、镉与铬等重金属的污染，通过土壤腐殖质与黏土矿物的吸附、化学沉淀和腐殖质的络合（螯合）作用，从而减轻了汞、镉与铬等重金属对农作物的毒害，使农作物对这些有毒物质的吸收量大大减少。

六、常用有机肥料的特点

（1）人粪尿。人粪尿是一种养分含量高、肥效快，适于各种土壤和作物的有机肥料，人粪尿不同于家畜禽粪尿。由于人类摄取的食物属于精品，养分完全，人粪尿中的成分比其他动物排泄物的含量高一些，有效成分占总量的比重也大，常被称为“精肥”“细肥”。人粪组成中主要是纤维素、半纤维素和未消化的蛋白质，以及含有恶臭的粪胆质色素、硫化氢和丁酸，70%～80%水分，20%左右有机物质，5%的灰分，含氮1%，含磷0.5%，含钾0.37%。人尿是食物消化吸收并参加新陈代谢后所产生的废物和水分，含水95%，其余5%是水溶性有机物和无机盐，人尿含氮0.5%，含磷0.13%，含钾0.19%。人粪排泄量少于人尿，但是养分含量却高于人尿。人尿一般呈弱酸性，它提供的氮、磷、钾养分多于人粪。人们常把人粪尿作为氮肥施用，因为人粪尿都是氮多、磷钾少的肥料。

（2）家禽粪。家禽粪主要是指鸡、鸭、鹅和鸽等家禽的排泄物。家禽排泄物的量比家畜排泄量少，但由于饲料组成比牲畜的饲料营养成分含量高，所以其排泄物所含的氮、磷、钾养分也就相应地高一些。在家禽中，鸡和鸭以虫、鱼、谷、草等为食，且饮水少，所以鸡、鸭粪中有机物和氮、磷的含量比家畜和鹅类高。禽类中的氮素以尿酸态为主，作物不能直接吸收，施用新鲜禽粪还能招来地下害虫，所以，禽粪必需经过腐熟后施用才好。腐熟的家禽粪是一种优质速效的有机肥，常常作为蔬菜或经济作物的追肥，不仅能提高产量，而且能改善品质。家禽粪中的氮素对当季作物的肥效，相当于氮素化肥的50%，但有明显的后效。

（3）高温堆肥。高温堆肥是在好气条件下，通过加入骡、马粪接种好热性纤维分解菌，产生高温，可以彻底地消灭病

菌、虫卵等有害物质，加速堆肥材料的腐熟。也就是说，堆肥腐解过程是一系列多种微生物的复杂交替活动过程。

（4）沤肥。沤肥是我国南方平原和水网地区重要的积肥方式，是在淹水条件下由微生物进行嫌气腐解积制而成的肥料。这种积制有机肥的方法，分解速度较慢，但有机质和氮素损失较少，腐殖质积累较多，肥料质量高。这种肥料在水稻产区广泛应用。但在运输、施用上费工。

（5）腐殖酸肥料。腐殖酸肥料是以富含腐殖酸较多的泥炭、褐煤与风化煤等为主要原料，经过氨化、硝化等化学处理，或添加氮、磷、钾及微量元素制成的一类肥料。腐殖酸具有很好的生理活性，对于农作物的营养和代谢具有极为重要的作用。腐殖酸类肥料是有机、无机复合肥料，具有改良土壤理化性状、提高化肥利用率、刺激作物生长发育、增强农作物抗逆性能、改善农产品品质等多种功能。

（6）沼气肥。沼气肥是农作物秸秆、人畜粪尿、杂草树叶、生活污水等，在密封严格的嫌气条件下，发酵制取沼气后沤制而成的一种有机肥料。这种肥料是由作物秸秆、人畜粪尿、杂草树叶、生活污水等沤制后的残渣和发酵液两部分组成。沼气肥的质量比堆肥和沤肥要高，除提供养分外，还有明显的培肥改土效果，其残渣仍属迟效性肥料，发酵液属速效性氮素肥料，其中，铵态氮含量较高。据研究，在沼气池和露天粪池内放入等量的人畜粪尿，经过池内发酵30天，15次分析结果表明，沼气肥比露天粪池全氮含量多14％，铵态氮含量多19.3％，有机磷含量多31.6％。

沼气发酵池的残渣和发酵液可分别施用，也可混合施用，做基肥和追肥均可，发酵液适宜做追肥。沼气发酵肥深施覆土效果最好。

（7）饼肥。饼肥是油料作物籽实榨油后剩下的残渣，我国饼肥的种类很多，产量很大，大部分可以直接作为牲畜的精饲料，再以粪尿还田。如桐籽饼、菜籽饼和棉籽饼等，一般饼肥中氮和磷的含量较高，是比较好的氮、磷肥料。饼肥做底肥用时，先将饼肥碾碎，一般在播种前 2～3 周施入，耕翻入土，每亩用量80～100 千克。饼肥经过腐熟发酵或把饼肥打碎用水浸泡数天即可做追肥施用，每亩用量为 40～70 千克。

（8）绿肥。由于绿肥能提供多种营养元素、富含有机质、培肥土壤、净化生态环境，所以从古至今都是我国农业生产中的重要肥源。

七、绿肥的定义及种类

凡是用绿色植物体制成的肥料称为绿肥。绿肥的种类很多，根据分类原则不同，有下列各种类型。

（1）按绿肥来源可分为：①栽培绿肥，指人工栽培的绿作物；②野生绿肥，指非人工栽培的野生植物，如杂草、树叶、鲜嫩灌木等。

（2）按植物学科可分为：①豆科绿肥，其根部有根瘤，根瘤菌有固定空气中氮素的作用，如紫云英、苕子、豌豆、豇豆等；②非豆科绿肥，指一切没有根瘤的、本身不能固定空气中氮素的植物，如油菜、茹菜、金光菊等。

（3）按生长季节可分为：①冬季绿肥，指秋冬播种，第二年春夏收割的绿肥，如紫云英、苕子、茹菜、蚕豆等；②夏季绿肥，指春夏播种，夏秋收割的绿肥，如田菁、柽麻、竹豆、猪屎豆等。

（4）按生长期长短可分为：①一年生或二年生绿肥，如柽麻、竹豆、豇豆、苕子等；②多年生绿肥，如山毛豆、木豆、银合欢等；③短期绿肥，指生长期很短的绿肥，如绿豆、黄豆等。

(5) 按生态环境可分为：①水生绿肥，如水花生、水戎芦、水浮莲和绿萍；②旱生绿肥，指一切旱地栽培的绿肥；③稻底绿肥，指在水稻未收前种下的绿肥，如稻底紫云英、苕子等。

第七节　复混肥

复混肥是复合肥料和混合肥料的统称，是由化学方法或物理方法加工制成的，是在农业机械化、化肥生产工艺、化肥销售系统以及农化服务日趋完善的基础上发展起来的。生产和施用复混肥料可以物化施肥技术，提高肥效和化肥利用率。从我国化肥肥效演变情况表明，到了20世纪80年代，我国化肥已由以往的补充单一营养元素，即所谓“矫正施肥”，转入氮、磷、钾平衡施肥。对此，于20世纪80年代初，农业部农业司土壤肥料处率先在全国推行配方施肥。我国的配方施肥技术正由初级（定性、半定量）向高级（定量、优化）发展，不断引进、吸收国外平衡施肥的先进技术，这为复混肥产业提供了良好的发展平台。

一、复混肥的含义和养分量表示法

复混肥料是指含有氮、磷、钾三种养分中，至少有两种或两种以上养分的肥料。含氮、磷、钾任何两种元素的肥料称为二元复混肥。同时含有氮、磷、钾三种元素的复混肥料称为三元复混肥，并用 $N—P_2O_5—K_2O$ 的配合式表示相应氮、磷、钾的百分比含量。

复混肥料根据氮、磷、钾总养分含量不同，可分为低浓度（总养分≥25%）、中浓度（总养分≥30%）和高浓度（总养分≥40%）复混肥。

根据肥料功能，可将复混肥分成能用型、专用型和多功能型三大类。通用型复混肥料适用的作物和地区范围广泛，但针对性不强，其中，有的营养元素可能过剩，而有的营养元素则可能不足。专用复混肥料其营养的配比是针对某种作物的需肥特性或某种土壤的缺素症状而特殊制订的专用肥料，因此，针对性比较强，肥料效应和经济效益都比较高。多功能复混肥料除了起到肥料本身的功效以外，它还兼有除草、杀虫、治病和消除土壤重金属污染及净化环境的功能。

根据其制造工艺和加工方法不同，可分为复合肥料、复混肥料和掺混肥料。

（1）复合肥料。单独由化学反应制成的，含有氮、磷、钾中两种或两种以上元素的肥料。有固定的分子式的化合物，具有固定的养分含量和比例。如磷酸二氢钾、硝酸钾、磷酸一铵、磷酸二铵等。

（2）复混肥料。是以现成的单质肥料（如尿素、磷酸钾、氯化钾、硫酸钾、普钙、硫酸铵、氯化铵等）为原料，辅之以添加物，按一定的配方配制、混合、加工造粒而制成的肥料。目前，市场上销售的复混肥料绝大部分都是这类肥料。

（3）掺混肥料。又称配方肥、BB肥，它是由两种以上粒径相近的单质肥料或复合肥料为原料，按一定比例，通过机械掺混而成，是各种原料的混合物。这种肥料一般是农户根据土壤养分状况和作物需要随混随用。

二、复混肥的特点

肥料是植物的粮食，是粮食生产的物质基础。化肥在我国粮食生产和农业持续发展中的作用是不可替代的，在粮食总产中化肥的贡献率在30％～40％，而在增产的粮食中，化肥的贡献在50％～60％。复混肥的出现和迅速发展，是科学施肥提高

到一个新水平的标志，是肥料生产和施用的基本方向。随着农村劳动力向第二、第三产业的转移，农业生产的集约化、机械化水平不断提高，农业上需要根据作物需肥特性和土壤肥力状况来生产和供应同时含有几种营养成分的复混肥料，以便一次机械施肥作业即可达到要求，节省劳力和减少能量的消耗；同时，也避免多次重复的机械行走带来的土壤压板、污染等可能的副作用。复混肥料的主要特点如下。

（1）多种肥料一次施用可以节省施肥费用。在一般情况下，复混肥料养分全面，不用添加其他营养成分。要是农户自己买单质肥料进行混配，可能造成养分不均，配方不合理，还费工、费力。现在的复混肥不但养分全面，而且添加了很多有益的成分，四平天丰化肥科技发展有限公司生产的腐殖酸营养型复混肥不但含有氮、磷、钾三种元素，还以腐殖酸为载体，这样，既提高了化肥的利用率，又能对土壤起到一定的培肥、改良作用。一次节约的费用大于因混合增加的费用，但是，如果基础物料品位低则可能后者大于前者。

（2）可以根据当地土壤、作物特点进行配方。这样能更好地符合作物的养分需求和充分利用土壤肥力，如大豆的需肥特性是比较喜磷、钾，还有微量元素钼。所以，在生产大豆专用复混肥时，就可以加大磷、钾的比例，并适当添加钼元素，这样配方合理的复混肥，既有利于提高化肥利用率减少肥料浪费，还可以提高产量。

（3）科学施肥。复混肥的应用，可以在某种程度上避免农户因不了解肥料、作物和土壤特点而出现盲目施肥的问题。但要做到真正的科学施肥，就要做到有机、无机配合施，氮肥深施，磷肥分层施。一次性施肥要慎重，沙土地、漏水漏肥的地块禁止采用一次性施肥，施肥量一定要达到标准，防止烧种烧苗。选择一次性复混肥要注意选用加入了长效剂、稳定剂的复混肥，最好是选用科技含量高的新型缓（控）释复混肥。

复混肥这些基本特点的前提是配方要合理，这可能也是目前我国复混肥生产和施用中最重要的问题。有些厂家不了解当地的土壤和作物特点，盲目按 $N:P_2O_5:K_2O=1:1:1$ 比例生产销售，造成了钾肥或磷肥的浪费。此外，复混肥中微量元素的加入，更需要深入了解当地土壤的微量元素营养状况。否则，一是会造成肥料的浪费，二是可能导致作物中毒，三是如果长期施用土壤并不缺乏的微量元素肥料，还会造成土壤中不应有的微量元素积累而导致毒害作用的发生。但现在随着国家测土配方施肥技术的不断普及，很多复混厂家加入到了测土配方施肥中来，他们有针对性地生产适合不同土壤、作物的专用配方型复混料，做到了氮、磷、钾及微量元素平衡施肥。

三、复混肥的使用

复混肥的种类很多，不同形式的复混肥各有特点，施用过程中的投资、效益、施用方法也不同，只有合理施用才能发挥复混肥的作用。

（一）复混肥的应用

复混肥可做底肥、追肥、种肥施用，做底肥根据总养分含量不同施用量不同，总养分含量为43%，配比15:17:11 的复混肥做底肥，每公顷玉米田施用 400 千克，即每公顷地施入氮 60 千克、磷 68 千克和钾 44 千克，复混肥配合有机肥使用效果更加显著。

（二）根据种植制度选择复混肥

不同种植制度对氮、磷、钾三元素以及其后效作用要求不同，如玉米与大豆轮作，每生产 100 千克玉米，春玉米氮、磷、钾吸收比例为 1:0.3:1.5，在施肥时大多侧重于氮肥的施

用，而大豆是喜磷作物，而且能够固氮，在前茬为玉米的情况下，应重视磷肥、钾肥的施用。

（三）根据作物特性选择不同类型、不同品种的复混肥

作物不同，对氮、磷、钾数量和比例要求不同，要针对作物所需的比例和养分特征选择复混肥，水稻在整个生育期，每生产500千克稻谷，需要吸收氮（N）12千克、磷（P_2O_5）6.25千克和钾（K）15.5千克，其氮、磷、钾的吸收比例为1∶0.52∶1.29。氮、磷的吸收在各地的变幅很小，分别为10～13.8千克和4～6.45千克，而钾的吸收量各地变化幅度较大，为12～22.3千克。这可能是由于水稻吸钾特性和土壤供钾能力有较大差异所致。所以，在水稻施肥上，选择复混肥的配比要符合水稻的需肥规律。还有些作物如烟草、马铃薯、甜菜等忌氯作物，在施肥时要避免施用含氯的复混肥料。

（四）在施用复混肥时要注意养分的补充

三种复混肥不论哪种形式，氮、磷、钾三元素的比都是相对固定的，因而通用型的复混肥不能完全满足作物对养分的需要，如45%（15∶15∶15）含量的硫酸钾复混肥用于大豆底肥，尽管其中三种元素都有，但磷相对含量低。因此，必需配合施用磷肥，才能满足大豆的养分需求。

（五）要注意各种复混肥与单质肥之间的酸、碱搭配

任何一种肥料都有酸、碱性问题，分别属于碱性、中性、酸性，在施用不同的复混肥时要注意肥料之间的酸、碱搭配，肥料与作物之间的酸、碱搭配。

（六）从合理施肥角度出发，做到配方施肥

复混肥料的生产是基于养分之间的平衡，将农艺配方与工艺配方结合起来。复混肥也不是施得越多越好，更应该达到均衡施用的效果，应与土壤测试、种植作物种类结合起来确定施

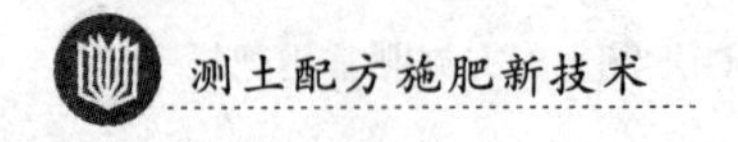

肥品种、施肥量。

第八节 新型肥料

什么是“新型肥料”？目前，还没有统一的标准。但在2003年我国科技部和商务部《鼓励外商投资高新技术产品目录》中，有关新型肥料目录就包括：复合微生物接种剂，复合微生物肥料，植物促生菌剂，秸秆、垃圾腐熟剂，特殊功能微生物制剂，控释、缓释新型肥料，生物有机肥料，有机复合肥，植物稳态营养、肥料等。

随着施肥技术创新和无公害农业的发展，肥料投入结构发生较大变化，肥料新品种不断涌现。这些新肥料都顺应无公害的发展方向，具有广阔的发展前景。新型肥料的主要作用是：能够直接或间接地为作物提供必需的营养成分；调节土壤酸碱度、改良土壤结构、改善土壤理化性质和生物学性质；调节或改善作物的生长机制；改善肥料品质和性质或能提高肥料的利用率等。

最近20年，发达国家开始重点研究缓/控释肥料、生物肥料、有机复合肥料等对环境友好的新型肥料，而这也是我国“十一五”期间化肥研究和开发的热点领域。

研究新型肥料是一项迫切任务。在农业生产中，化肥在增产中的作用已达30%～40%。但在化肥利用率上，我国尚处在较低水准，氮元素损失量为30%～50%，同时，还带来环境污染等影响。积极采用新技术、新工艺、新装备加速研究和生产适合多种土质、作物的化肥产品，满足高效农业和绿色无公害农业的要求，是我们面临的十分迫切的任务。据预测，2030年中国化肥需求量可达6800万吨，比目前需再增加约2650万吨化肥供应量。那么，国家需增加投资约1500亿元，每年多耗费外

汇15亿美元，农民购买化肥需增加1000亿元开支。而2030年要使全国1亿公顷耕地平均施肥水平达680千克/公顷，这样的目标很难实现，也是土壤、环境难以承受的。因此，更新观念、打破传统，力争在未来30年，通过研制新型肥料，在不增加或少量增加化肥用量的前提下，通过提高效率，来保证中国的农业安全生产显得愈加重要。我国肥料产业将实施质量替代数量发展战略，使化肥供应量力争控制在每年5000万吨以内。

缓/控释肥料、生物肥料和有机复合肥料，是国际上当前和今后一个时期新型肥料研究和开发的热点领域，代表新型肥料的研究和发展方向。下面就缓/控释肥料、微生物肥料、有机复合肥料等新型肥料做以下介绍。

一、缓/控释肥料

长期以来，肥料工作者一直希望研制一种肥料，可以依据作物不同生长发育阶段对养分的需求规律，人为地控制养分释放速率，尽量减少氮素养分在土壤中的损失和磷钾在土壤中的固定，尽可能提高肥料利用率；满足现代农业的需求，省时、省力，对土壤和作物无污染。

缓/控释肥料最大的特点是养分释放与作物吸收同步，简化施肥技术，实现一次性施肥满足作物整个生长期的需要，肥料损失少，利用率高，对环境友好。世界各国都逐步认识到，提高肥料利用率的最有效措施之一。20世纪80年代以来，美国、日本、欧洲国家、以色列等发达国家和地区都将研究重点由科学施肥技术转向新型缓/控释肥料的研制，力求从改变化肥自身的特性来大幅度提高肥料的利用率。缓/控释肥料被认为是21世纪肥料产业的重要发展方向。

（一）缓/控释肥料的类型

由于氮肥最易损失，缓/控释肥料价格又较高，所以多数以氮素为对象研制缓/控释肥料。目前，国际上出现的缓/控释肥主要有以下三种类型：含转化抑制剂类长效肥料、合成有机氮类缓释肥料、包膜（裹）型缓/控释肥料。

1. 含转化抑制剂类长效肥料

应用脲酶抑制剂和硝化抑制剂，减缓尿素的水解和对铵态氮的硝化—反硝化作用，从而减少肥料氮素的损失。

脲酶是在土壤中催化尿素分解成二氧化碳和氨的酶，对尿素在土壤中的转化具有重要作用。20 世纪 60 年代人们开始重视筛选土壤脲酶抑制剂的工作。研究种类有氢醌、N－丁基硫代磷酰三胺、邻－苯基磷酰二胺、硫代磷酰三胺等。

硝化抑制剂与氮肥混合施用，阻止铵的硝化和反硝化作用，减少氮素以硝态和气态氮形态损失，提高氮肥利用率。国外 20 世纪 50 年代开始研制硝化抑制剂，研究的主要产品有吡啶、嘧啶、硫脲、噻唑等的衍生物，以及六氯乙烷、双氰胺等。

由于铵态氮肥本身也可以快速被植物吸收利用。它本身不能延缓肥料的养分释放，更不能控制肥料的养分释放，因此，也有人认为这类肥料不能称为缓/控释肥料，常称之为稳定态氮肥或者长效肥料。

2. 有机合成微溶态缓释肥料

有机合成微溶态缓释肥料是目前国外市场较为流行的控缓释肥料品种，以化学合成方式合成的有机或无机肥料，使其在水中的溶解度降低，在土壤、水或微生物的作用下，缓慢降解，释放出养分，释放速度由肥料的颗粒大小和土壤微生物活性决定。此类产品主要有脲甲醛、异丁叉二脲、丁烯叉二脲、草酰铵、磷酸镁铵等。该类肥料的养分释放缓慢，能够有效地提高肥料利用率，但是养分释放速度受到土壤水分、pH 值、

微生物等各种因素的影响，不能人为较好地控制肥料养分释放速度，肥料成本也较高。

3. 包膜（裹）类缓/控释肥料

（1）无机矿物包衣。包衣材料广泛，如一些无机矿物、磷钾肥、固体废弃物等都可作为包衣材料。包衣率为 20%～60%，应是包裹肥料。优点：包衣工艺简单，成本较低，包衣材料来源广泛，包衣材料可能有其他营养成分或作用。缺点：养分释放较快，特别在水田或淋溶较严重地区，缓释和控释效果较差。

（2）硫包衣。是目前国外市场较为流行的控缓释肥料品种，对设备要求较高，工艺较复杂，有利于缺硫土壤，控释效果不如树脂包衣。

（3）聚烯烃树脂包衣（树脂包衣）。树脂包衣是目前国外市场较为流行的控缓释肥料品种。控释效果较好，控释时间最长可达 3 年。包衣率为 6%～15%，一般提高当季利用率 30%～40%。优点：控释缓释效果显著，肥料养分利用率较高，可一次施肥，可与磷肥混合储存，不吸潮板结。缺点：对加工设备要求较高，工艺复杂，成本较高，但有废旧材料可以利用。该类肥料是国际上发展最快的缓/控释肥料品种之一。

（二）缓/控释肥料施用特点

通常缓释/控释肥可比普通氮肥利用率提高 10%～30%。减少施肥量 15%～20%，节省施肥用工 25%以上，肥效期延长90～120 天，基本上能满足我国南北方农作物在整个生长期对养分的需求。通过大量的室内和田间试验，表明所制作的多种控释肥品种在水中和土壤中的控释时间和释放模式已达到了可控释放的具体要求和标准。其释放速率主要受温度和水分条件的控制，并可根据不同作物的需要调整释放高峰和施肥时间。在多种作物上的盆栽和田间试验均已表明，可提高氮肥利用率30%～50%。在作物相同产量的情况下可以减少33%～50%的肥料施用量。实现作物一次性施肥不用追肥，简化了农业种植和耕作方式，经济效益高，省工省时，农业劳动生产效率得到更大的提高，还减少了挥发、淋失及反硝化作用，减少了施肥对环境造成的污染。

缓/控释肥料施用特点主要是：

①当年生作物可一次性施肥，不必追肥；

②可与作物进行接触施肥，不烧苗，大幅提高肥料利用率（水稻育秧）；

③最好用于高湿热地区，用于需肥时期较长作物；

④用于肥力水平较低，漏水漏肥严重地区，可拉开与普通肥料差距；

⑤用于不同条件地区和作物时，选用不同释放时间和配比的肥料；

⑥根据肥料和作物的生育特性，采用不同耕作和施肥方式，提高肥料利用率；

⑦包衣尿素与磷钾肥料掺混，不会发生潮解现象，易于保存。

（三）缓/控释肥料的应用

目前，世界缓释和控释肥的消耗总量大约是65万吨/年，美国是最大的消费国，约占世界总用量的70%，日本和欧洲各占15%左右。在日本，大多数控释和缓释肥用在农业上，主要是种植蔬菜、水稻和水果，仅一小部分用于草坪和观赏园艺。在美国和欧洲，约占总量的90%是用于高尔夫球场、苗圃、专业草坪和景观园艺，仅有10%用于农业，如蔬菜、瓜果、草莓、柑橘和其他水果。用在农业上的大多数是包膜控释肥（占65%～75%），聚合物包膜控释肥的应用有明显稳定增

长的趋势。我国控释肥的研究和开发尚处在起步阶段，近年来国内有多所大学和科研院所承担了国家和地方的控释肥研制课题，已有研究单位从国外引进了制作设备，研制出适合玉米、水稻等不同作物需要的控释肥系列新产品。

二、微生物肥料

微生物肥料是指含有活性微生物的特定制品，应用于农业生产中，能够获得特定的肥料效应。在这种效应的产生中，制品中的活性微生物起关键作用，符合上述规定的制品属微生物肥料。将微生物肥料用在种子、土壤上，可增进土壤肥力，协助植物吸收营养，增强植物抗病及抗旱能力，节约能源，降低生产成本，减少环境污染。

微生物肥料的种类很多，按制品中特定的微生物种类分为细菌肥料（根瘤菌肥料、固氮菌肥料）、放线菌肥料（如抗生菌类）、真菌肥料（如菌根真菌）等；按其作用机理分为根瘤菌肥料、固氮菌肥料、磷细菌肥料、硅酸盐细菌肥料等；按其制品内含有的微生物种类分为单纯微生物肥料和复合（或混合）微生物肥料。

根瘤菌肥料是指用于豆科作物接种，使豆科作物结瘤、固氮的接种剂。使用方法多为拌种，即在豆科作物种植之前将根瘤菌肥拌在种子上以促进共生固氮，达到增产的目的。

固氮菌肥料是以能够自由生活的固氮的微生物肥料为菌种生产出来的固氮菌肥料。固氮菌适用于各种作物，特别是禾本科作物和蔬菜中的叶菜类作物，可做基肥、追肥和种肥。与有机肥、磷肥、钾肥及微量元素肥料配合施用，对固氮菌的活性有促进作用。

磷细菌肥料是能把土壤中难溶性的磷转化为作物能利用的有效磷素营养，又能分泌激素刺激作物生长的活体微生物制品。磷细菌肥可以用做基肥、追肥和种肥（浸种、拌种），具体施用量以产品说明为准。

硅酸盐细菌肥料是指在土壤中通过硅酸盐细菌的生命活动，增加植物营养元素的供应量，刺激作物生长，抑制有害微生物活动，对作物有一定的增产效果的微生物制品。硅酸盐细菌肥可以做基肥、追肥和拌种或蘸根用。

复合（或复混）微生物肥料是为了提高接种效果或显示接种效果，将两种或两种以上的微生物或一种微生物与其他营养物质复配而成的制品。

三、有机复合肥料

有机复合肥料是在充分腐熟、发酵好的有机物中加入一定比例的化肥，充分混匀并经工艺造粒而成的复混肥料。主要功能成分为有机物、氮磷钾养分。一般有机物含量20%以上，氮磷钾总养分20%以上。由于它能同时提供有机养分和无机养分，肥效速缓相济，优势互补，能减少无机养分的固定和淋失，提高化肥利用率，有利于土壤改良，提高农产品的品质及产量，减轻环境污染。解决了现有农田因使用化学物质后，土壤的自然肥力随着每年连续施用化学物质而显著下降，导致每年为保持高产而必需逐渐加大化学肥料的施用量。目前，有机复合肥料广泛用于果树、蔬菜等经济作物和保护地栽培。

第九节　肥料的质量及购买

一、化肥的质量标准

（一）化肥质量标准的概念

化肥商品质量标准，是对于化肥商品的质量和有关质量的

各方面（品种、规格、检验方法等）所规定的衡量准则，是化肥商品学研究的重要内容之一。

（二）化肥质量标准的基本内容

我国化肥商品质量标准通常是由下列几部分组成。

（1）说明质量标准所适用的对象。

（2）规定商品的质量指标和各级商品的具体要求。化肥商品质量标准和对各类各级商品的具体要求，是商品标准的中心内容，是工业生产部门保证完成质量指标和商业部门做好商品采购、验收和供应工作的依据。掌握这些标准和要求，可以有效防止质量不合格的商品进入市场。化肥商品质量指标有以下几点具体内容：

①外形。品质好的化学肥料，如氮肥多为白色或浅色，松散、整齐的结晶或细粉末状，不结块，其颗粒大小因品种性质而异。

②有效成分含量。凡三要素含量（接近理论值）愈高，品质愈好。通常氮素化肥以含氮（N）量计算；氨水则以含（NH_3）计算；磷肥则以含五氧化二磷（P_2O_5）计算；钾肥以含氧化钾（K_2O）计算。均以百分数来表示。

③游离酸。游离酸含量越少越好，应尽可能减少到最低限度。

④水分。化肥中含水愈少愈好。

⑤杂质。杂质必须严格控制，因杂质的存在，不仅降低有效成分，而且施用后易对植物造成毒害。

对于各级化肥商品的具体要求，应当以一般生产水平为基础，以先进水平为方向。既不宜过高，也不宜过低。过高使生产企业难以完成生产任务，过低则阻碍先进生产技术的发展。

（3）规定取样办法和检验方法。化肥商品质量标准所规定的取样办法内容是：每批商品应抽检的百分率；取样的方法和数量；取样的用具；样品在检验前的处理和保存方法。

检验方法是对于检验每项指标所作的具体规定。其内容包括：每一项指标的含义；检验所用的仪器种类和规格；检验所用试剂的种类、规格和配制方法；检验的操作程序、注意事项和操作方法；检验结果的计算和数据等。

（4）规定化肥的包装和标志及保管和运输条件。在化肥质量标准中，对于化肥商品的包装和标志都有明确的规定，如包装的种类、形态和规格；包装的方法；每一包装内商品的重量；商品包装上的标志（品名、牌号、厂名、制造日期、重量等）。

关于运输和保管，在化肥质量标准中也都规定了重点要求，如湿度、温度、搬运和堆存方法、检查制度、保存期限等，以防止商品质量发生变化。

（三）化肥商品质量标准的分级

化肥商品质量标准依其适用范围，分为国家标准、部颁标准、企业标准三级。该三级标准制定的原则：部颁标准不得与国家标准相抵触；企业标准不得与国家标准和部颁标准相抵触。企业标准在很多情况下，它的某些指标可以超过国家标准和部颁标准，而使其产品具有独特的质量特点。

二、怎样购买放心肥

（一）选择合法的经销商

（1）到合法的、正规的营销点购买（不买临时的、地摊的、串户的），购买时还要查看“证”和“照”。一般化肥销售商都会有工商局正规营业执照，没有营业执照的千万不能购买。

（2）货比三家（选择守信誉、重质量、有诚信的销售商作

为自己选购肥料的主要渠道，避免上当）。

（二）选择合法的产品

（1）查看产品质量合格证书。

（2）选择经常使用的品牌，或者大品牌产品。

未听说过也没有使用过的品牌要慎重，如有条件可以上网查验产品和企业登记情况，上大型公司的网站查询或者拨打电话查询。

（三）检查包装和标识

（1）检查包装袋外观（如果包装袋已经破损或者字迹不清，建议不要购买，要提防旧袋子装假货）。

（2）认真查看包装袋上的各种标识是否完整。

（四）检查使用说明和注意事项

对于没用过的产品一定要向经销商索要产品使用说明和注意事项（尤其是第一次购买新品种时一定要索要，要问清用量和用法）。

（五）如何维护自己的权益

（1）农民朋友应组织起来，统一到可靠的经销点购买、统一检测（这样可以分摊费用以降低质量检测的平均成本，可以避免上当受骗）。

（2）最好整袋购买（如果散装购买需要记录购买的品牌和厂家联系电话）。

（3）千万不要忘记索要购货凭证。

（4）买回家以后应保留样品（保留的样品要包好，与原来的袋子放于一处，以保证纠纷时双方公认）。

（5）如果发现购买了假化肥要及时举报，若发现所购肥料使用后有损害作物生长等异常现象，同时保护好现场并请技术人员调查分析，并整理好向肥料供应者索赔的有效证据，要及时向国家相关部门举报。

三、购买化肥应注意的问题

（一）不可片面根据颜色判断化肥质量

仅凭颜色不能判断化肥真假和质量好坏，目前，很多生产商为了增加卖点，在产品上专门添加了着色剂，产品出现了各种各样的颜色。所以，购买化肥时不能简单依据颜色来判断，既不要专门购买好看的，也不要因为有的产品颜色特殊而不买，要以产品的质量证书为判断标准。

（二）不可过分依赖溶解性判断化肥质量

“溶解越快质量越好”这是很多人判断化肥质量的关键依据。但这句话并不完全正确，要视不同化肥品种区别对待，单质氮肥和钾肥，例如尿素、碳酸氢铵、硝酸铵、氯化钾和硫酸钾等产品容易溶解，一般在水中浸泡就可以全部溶解，但是单质磷肥中的过磷酸钙和钙镁磷肥却很难完全溶解。而复合肥是最复杂的产品，由于很多复合肥在造粒过程中喷加了一层防结剂，因此也不会完全溶解，往往会留下一个难以溶解的外壳。高质量的复合肥一般具有缓效作用，溶解太快反而说明质量不好。

（三）全凭使用火烧法判断化肥质量不准确

用烟头或者在炭火上烧，能跳动、熔化或者冒烟的就是好肥料吗？由于氮肥中含有铵，火烧溶解会放出气体就像冒烟，而过磷酸钙、钙镁磷肥、氯化钾和硫酸钾就不会冒烟。由于氯化钾和硫酸钾中含有水分，火烧以后水分蒸发会使化肥颗粒跳动，但要看到化肥颗粒跳动必须用铁板来烧，用烟头是不容易看到的。有的复合肥中含有氮、磷、钾三种元素，由于含量不同，工艺不同，所以有的复合肥烧过以后会冒烟、跳动、熔

解，而有的就不会，因为复合肥还有其他添加物。也有人认为二铵烧过以后会有汽油味，其实这是不对的。因此，化肥质量鉴别必须查证生产企业资格、产品检验证书，如果还有疑问需要到专门的检测机构如质量技术监督局、土壤肥料站、农技推广站等部门检测才能知道化肥的真假。

（四）微生物肥料不能替代化肥

很多肥料厂商宣称使用微生物肥料可以不用化肥，这是不对的。微生物肥料不含有作物必需的氮、磷、钾等养分，大多是借助于肥料中微生物的生命活动活化土壤中有机态养分而把其中的氮、磷、钾元素释放出来。微生物肥料中的微生物需要和当地土壤中的微生物互补才能发挥作用，否则根本不能存活，更不容易发挥作用，并不是所有类型的土壤和作物都适合使用微生物肥料，而化肥只要保证合适的使用时期和施用量一般都会得到好的效果。

（五）正确认识BB肥

BB（Bulk blending fertilizer）肥是散装掺混肥料的英文缩写，它是将几种颗粒大小相近的单质肥料或复合肥料按一定的比例掺混而成的一种复混肥料。其最大特点是根据农户的土壤、作物特点就地配制和施用，针对性强。常用的基础肥料有磷酸一铵、磷酸二铵、重过磷酸钙、尿素、聚磷酸盐和氯化钾等高浓度肥料，一般不用硝酸铵、硫酸钾、普钙等。因溶解性好，做基肥宜表施，不宜施于过深土层；果树、茶、蔬菜等施用BB肥不宜撒施，宜条施和穴施。

第十节 化肥施用中的常见问题分析

一、化肥施入土壤是否都会使土地板结

化肥施用造成土壤板结是针对我国20世纪50年代一些地区大量使用硫酸铵而说的。目前我国常用的肥料如碳酸氢铵、尿素等单质氮肥施入土壤以后由于溶解速度快，作物吸收也快，基本无残留，再加上有机肥和化肥配合使用，不会造成土壤板结，可以放心使用。

二、"化肥施多了，地变'馋'了"说法是否正确

有些农民朋友反映，化肥施多了，土地为什么变"馋"了。其实不是地变"馋"了，而是施肥过程中养分不平衡的缘故。例如，在供磷不足的情况下，偏施氮肥，氮磷养分不平衡，作物不能充分吸收氮素，因而出现增氮不增产的局面。正确的做法是找出土壤缺乏的主要养分，及时补充这些养分，走平衡施肥的道路。

三、一般复混肥是否能做冲施肥

冲施肥是最近新兴的一种肥料品种，一般将肥料溶解后随灌溉施用于土壤中，常用于设施栽培蔬菜、瓜果等。但选择复合肥作为冲施肥要注意两点：一是必须保证肥料养分基本上全部是水溶性的；二是冲施肥养分必须是高氮、高钾、低磷或无磷型的。一般复混肥中常常含有大量的磷养分，这些养分在冲施后常常由于溶解度低而存留于土壤表面，由于磷在土壤中的移动性很差，导致作物很难吸收利用，既污染了环境又造成

浪费。

四、防治烧苗

肥料烧苗事故是经常发生的，出苗慢、苗弱、甚至不出苗等现象让农民以为使用了假肥料，掌握正确的使用方法就可以避免这些情况的发生。首先，要避免种肥选用不当造成的烧苗，一般硫酸铵和磷酸二铵可以作为种肥，尿素、碳酸氢铵和高塔复合肥等不宜作为种肥，因为这些化肥的氮素养分含量较高，容易烧苗。其次，使用种肥的时候应该考虑施肥的深度和与种子的距离，一般机播要掌握肥与种要分管施的原则，人工播种时应将化肥施种子以下 5～6 厘米。

五、植物营养诊断原理

（一）养分缺乏、适宜和毒害范围

在植物营养元素含量达到临界浓度之前是缺乏范围。

元素含量超过临界水平后，作物产量不再随元素含量的提高而上升，而在一定范围内维持最高水平，这一段称为适宜（或称丰富）范围。

随营养元素含量继续提高，超过适宜范围，就进入过剩（或毒害）范围。

（二）植物营养诊断中的一些概念

缺乏：有缺素症，施用该养分反应明显。

低量：无明显缺素症，施用该养分一般有反应。

足量：养分供应合适。

高量：养分富裕。

临界浓度：植株生长最早开始受到阻碍时的浓度。

六、作物大量元素缺乏症状

（一）缺氮症状

氮不足时植株生长矮小，分枝分蘖少，叶色变淡，呈浅绿或黄绿，尤其是基部叶片。因氮易从较老组织运输到幼嫩组织中再利用，缺氮首先从下部叶片开始黄化，逐渐扩展到上部叶片，黄叶脱落提早。缺氮株型也发生改变，瘦小、直立、茎秆细瘦、根量少、细长而色白。缺氮侧芽呈休眠状态或枯萎，花和果实少，成熟提早，产量、品质下降。

（二）缺磷症状

磷不足植株生长缓慢、矮小、苍老、茎细直立，分枝或分蘖较少，叶小，呈暗绿或灰绿色而无光泽，茎叶常因积累花青苷而带紫红色，根系发育差，易老化。由于磷易从较老组织运输到幼嫩组织中再利用，故缺磷症状从较老叶片开始向上扩展。缺磷植物的果实和种子少而小，成熟延迟产量和品质降低。轻度缺磷外表形态不易表现，不同作物症状表现有所差异。

（三）缺钾症状

钾不足时纤维素等细胞壁组成物质减少，厚壁细胞木质化程度较低，影响茎的强度，易倒伏。缺钾蛋白质合成受阻，氮代谢被破坏，常引起腐胺积累，使叶片出现坏死斑点。因为钾在植株体中容易被再利用，所以新叶上症状后出现，症状首先从较老叶片上出现。缺钾一般表现为最初老叶叶尖及叶缘发黄，以后黄化部逐步向内伸展，同时叶缘变褐、焦枯、似灼烧，叶片出现褐斑。

（四）缺钙症状

钙直接与果实硬度有关，增加果实中的钙和磷可提高果实硬度。随着果实的膨大，如果钙的供应未增加，果实中的钙就被稀释了，大果中的钙减少了，这导致果肉中钙减少，果实硬度降低。因此缺钙果实内部腐烂、病害多、裂果多、保鲜期短。

七、作物微量元素缺乏症状

（一）缺锌症状

植物缺锌时，生长受抑制，尤其是节间生长严重受阻，并表现出叶片的脉间失绿或白化。生长素浓度降低，赤霉素含量明显减少。缺锌时叶绿体内膜系统易遭破坏，叶绿素形成受阻，因而植物常出现叶脉间失绿现象。典型症状：果树“小叶病”“簇叶病”。

（二）缺铁症状

植物缺铁总是从幼叶开始，典型症状是叶片的叶脉间和细网组织中出现失绿症，叶片上叶脉深绿而脉间黄化，黄绿相间明显；严重缺铁时，叶片出现坏死斑点，并且逐渐枯死。植物的根系形态会出现明显的变化，如根的生长受阻、产生大量根毛等。

（三）缺钼症状

作物缺钼的共同特征是：生长不良、矮小、叶脉间失绿或叶片扭曲。缺钼主要发生在对钼敏感的作物上。因为钼在作物体内不容易转移，缺钼首先发生在幼嫩部分。

（四）缺硼症状

植物缺硼症状茎尖生长点生长受抑制，严重时枯萎，甚至死亡。老叶叶片变厚变脆、畸形，枝条节间短，出现木栓化现象。根的生长发育明显受阻，根短粗兼有褐色。生殖器官发育受阻，结实率低，果实小、畸形，导致种子和果实减产。

八、作物养分过量症状

作物氮素养分过量贪青晚熟，生长期延长，细胞壁薄，植株柔软，易受机械损伤（倒伏）和病害侵袭（大麦褐锈病、小麦赤霉病、水稻褐斑病）。大量施用氮肥还会降低果蔬品质和耐贮存性；棉花蕾铃稀少易脱落；甜菜块根产糖率下降；纤维作物产量减少，纤维品质降低。

供磷过多，植物呼吸作用加强，消耗大量糖分和能量，对植株生长产生不良影响；地上部与根系生长比例失调，在地上部生长受抑制的同时，根系非常发达，根量极多而粗短；施用磷肥过多还会诱发缺铁、锌、镁等养分。

微量元素中毒的症状多表现在成熟叶片的尖端和边缘，如铁中毒的症状表现为老叶上有褐色斑点。微量元素中毒隐蔽性很强。如植株含钼高达几百毫克/千克也不一定表现中毒，但超过 15 毫克/千克时，如用作饲料可使牲畜中毒。

九、植物氮素营养快速诊断法

（一）二苯胺法

随机采 30 个样株（玉米取功能叶 0.5 厘米叶脉），每 10 个为 1 组放在玻璃板上，加 2 滴二苯胺硫酸溶液，压上另一块玻璃板，挤压出汁并与试剂反应显蓝色，参照标准比色色

阶得出植株体内 NO_3^- 含量的级别。取 30 个样本的色级取加权平均值。

（二）反射仪法

反射仪是德国生产的一种适合田间条件下应用的仪器，该仪器体积小（19 厘米×8 厘米×2 厘米），携带方便。电池驱动。它利用光线反射原理来进行测定，仪器发射出的光线照在经过反应的试纸上，根据发射光和反射光的差异来确定硝酸盐的含量。

用该仪器配套的试纸，仪器直接显示测试结果。

（三）土壤 NO_3^- 田间快速测定诊断（美国玉米带采用）

反应剂类似硝酸试粉，比色用一个比色盘，颜色是连续的。浸提、过滤、显色、比色都在田间进行，所有设备都在一个小工作箱中。

（四）无损测试技术在植物营养诊断中的应用

肥料窗口法（Fertilizer Window）是大田中留出一块或几块微区，微区中的施肥水平比大田整体微少，当微区中出现缺氮、叶色变浅时，表明大田作物正处于缺氮的边缘，此时应及时追肥。

十、土壤溶液浓度过高使作物产生盐害

化学肥料大都是由各种不同的盐类组成，所以当它们施入土壤后，就会增加土壤溶液中盐的浓度而产生不同大小的渗透压。如果因大量施用化肥而使土壤溶液的渗透压高于植物细胞质的渗透压，则细胞不但不能从土壤溶液中吸水，反而会将细胞质中的水分倒流进入土壤溶液，这就导致植物受害，通常把这种因土壤溶液盐浓度过高的受害现象称为“烧苗”或肥害。

不同作物的耐盐能力不同，施用同样的肥料，盐害的大小也不同。因此，在施肥时，特别在集中或大量施肥时，应该同时考虑肥料的盐害和作物的耐盐能力，以保证施肥的安全。

防止土壤盐渍化的主要措施，一是增施有机肥料。每年每亩施用优质腐熟有机肥 10～15 立方米或秸秆还田 1000～1200 千克，提高土壤缓冲能力。二是每 2～3 年深耕深翻（40 厘米深）一次，打破犁底层，使土壤盐分适当扩散，提高作物根系吸收养分范围。三是禁止盐水浇地，灌溉用水含盐量要低，一般要求灌溉水电导率为 0.5～1.0 毫西门子/厘米，不能超过 1.5 毫西门子/厘米，否则易引起土壤盐渍化，又引起作物生长障碍，降低产品品质。四是严格控制化肥用量，特别是磷钾复合肥更能增加土壤盐分含量。五是作物生长后期，尽量不施肥或少施肥，减少土壤盐分积累。六是作物收获后应浇大水，排盐，洗盐。

十一、施用尿素和碳酸氢铵可能造成的不利影响

尿素施入土壤后，先经水解变成碳酸铵［$(NH_4)_2CO_3$］或碳酸氢铵（NH_4HCO_3）、氢氧化铵（NH_4OH），它们在土壤中会进一步分解生成氨气（NH_3），特别在石灰性等 pH 值较高的土壤中，如果氨气太多就会伤害种子、幼苗或根系。在我国北方石灰性土壤上曾经发生过较大面积因尿素产生的氨气危害而导致大面积严重缺苗的现象。

大量施用碳酸氢铵作肥料，同样存在着因碳酸氢铵分解产生氨气而伤害作物。在气候炎热的情况下，特别在作物已经封行或雨后进行追肥或在作物叶面有水珠时追肥均可灼伤叶片。

如果尿素中缩二脲含量过高（我国规定尿素一级品的缩二

脲含量≤1%，二级品≤1.8%），也会伤害作物，在叶面施肥或施在种子附近时要特别注意。在做叶面肥时，尿素的缩二脲含量最好在0.25%以下，缩二脲中毒常表现为叶片发黄，有时水稻秧苗可出现白化现象；在柑橘、咖啡树和菠萝上可出现叶子黄化和卷曲；玉米叶片脉间失绿，生长矮小，叶片伸展不开等症状。缩二脲在土壤中可以较快地被微生物分解，所以，在土施时，只要与种子有一定距离，一般不会产生伤害。

在高pH值的土壤上，或者因施尿素、碳酸氢铵而产生局部高pH值的情况下，由于土壤中硝化作用被抑制，有可能出现二氧化氮（NO_2）的积累，如浓度过高也可能对作物产生毒害。因此，在任何情况下，都不应将尿素和种子一起施用或直接接触种子。

十二、含氯肥料可能存在的有害作用

含氯肥料如氯化铵、氯化钾等对烟草作物品质的不利作用是人所共知的，如影响烟叶的色泽和燃烧性、易熄火、灰呈黑色等。一般说来，含氯肥料应避免在烟草、葡萄、薯类作物、莴苣等对氯敏感的作物上施用；但可在耐氯能力强的小麦、水稻上施用；另外，椰子和油棕需氯较多，施用含氯肥料有时会有好的作用。

十三、过量施肥的危害

过量的氮、磷特别是氮素向水体和大气迁移，已对水体和大气环境产生了多方面的影响与危害。

如氮、磷向封闭性或半封闭性的湖泊、水库或向某些流速低于1米/分钟的滞流性河流、河口海湾迁移，将使水库、海

湾水域发生富营养化。氨气（NH_3）和二氧化氮（NO_2）浓度过高将影响饮用水质量并加速含氮气体，如一氧化二氮（N_2O）、一氧化氮（NO）、二氧化氮（NO_2）、氮气（N_2）和氨气（NH_3）向大气迁移，除氮气外，它们或直接参与温室效应，或参与大气化学反应，破坏臭氧层等。

模块五　肥料的市场营销

第一节　肥料的识别和鉴别

目前，我国肥料市场纷繁复杂，化肥品种有200～300个，这种现象给农民提供了很广的选择空间，同时，也给农民在选择化肥品种上增加了一定的难度，大多数农民选择不到配方适合的化肥品种，有时买到的是假劣化肥。为了避免这种情况的发生，对怎样识别和鉴别化肥做以下说明。

一、肥料识别所应掌握的化肥商品标识的相关知识

化肥商品的标识是指以文字、符号、图案以及其他说明物来识别标称的化肥商品的质量、数量等特征的一种方式，我国已于2001年制定了国家标准（GB18382－2001），其使用范围包括全部商品肥料。

（一）化肥标识的基本原则

标识所注明的所有内容，必需符合国家法律和法规的规定，并符合相应产品标准的规定；标识所注明的所有内容，必需准确、科学、通俗易懂；标识所注明的所有内容，不得以错误的、引起误解的或欺骗性的方式描述或介绍肥料；标识所注明的所有内容，不得以直接或间接暗示性的语言、图形、符号导致用户将肥料或肥料的某一性质与另一肥料产品混淆。

（二）化肥标识一般要求

标识所标注的所有内容，应清楚并持久地印刷在统一的并形成反差的基底上。

（1）文字，标识中的文字应使用规范文字，可以同时使用少数民族文字、汉语拼音及外文（养分名称可以用化学元素符号或分子式表示），汉语拼音和外文字体应小于相应汉字和少数民族文字；应使用法定计量单位。

（2）图示，应符合 GB190 和 GB191 的规定。

（3）颜色，使用的颜色应醒目、突出，易使用户特别注意并能迅速识别。

（4）耐久性和可用性，接印在包装上，应保证在产品的可预计寿命期内的耐久性，并保持清晰可见。

（5）标识的形式，分为外包装标识、合格证、质量证明书、说明书及标签等。

（三）标识内容

1. 肥料名称及商标

①应标明国家标准、行业标准已经规定的肥料名称。对商品名称或者特殊用途的肥料名称，可在产品名称下以小一号字体予以标注；②国家标准、行业标准对产品名称没有规定的，应使用不会引起用户、消费者误解和混淆的常用名称；③产品名称不允许添加带有不实、夸大性质的词语，如“高效”“肥王”“全元素肥料”等；④企业可以标注经注册登记的商标。

2. 肥料规格、等级和净含量

①肥料产品标准中已规定规格、等级、类别的，应标明相应的规格、等级、类别。若仅标明养分含量，则视为产品质量全项技术指标符合养分含量所对应的产品等级要求。

②肥料产品单件包装上应标明净含量。净含量标注应符合

《定量包装商品计量监督规定》的要求。

3. 养分含量应以单一数值标明

(1) 单一肥料应标明单一养分的百分含量。

(2) 复混肥料(复合肥料)。①应注明N、P_2O_5、K_2O总养分的百分含量,总养分标明值应不低于配合式中单养分标明值之和,不得将其他元素或化合物计入总养分。②应以配合式分别标明总氮、有效五氧化二磷、氧化钾的百分含量,如氮、磷、钾复混肥料15－15－15。二元肥料应在不含单养分的位置标"0",如氮、钾复混肥料15－0－15。③若加入中量元素、微量元素,可不在包装和质量证明书上标明(有国家标准或行业标准规定的除外)。

(3) 中量元素肥料。①应分别单独注明各中量元素养分含量及中量元素养分含量之和。含量小于2%的单一中量元素不得标明;②若加入微量元素,可标明微量元素,应分别标明各微量元素的含量及总含量,不得将微量元素含量与中量元素相加。

(4) 微量元素肥料。应分别标出各种微量元素的单一含量及微量元素养分含量之和。

(5) 其他肥料。参照单一肥料和复混肥料执行。

4. 其他添加物含量

(1) 肥料中若加入其他添加物,可标明其他添加物,应分别标明各添加物的含量及总含量,不得将添加物含量与主要养分相加。

(2) 产品标准中规定需要限制并标明的物质或元素等应单独标明。

5. 生产许可证编号

对国家实施生产许可证管理的产品,应标明生产许可证的编号。

6. 生产者或经销者的名称、地址

应标明经依法登记注册并能承担产品质量责任的生产者或经销者的名称、地址。

7. 生产日期或批号

应在产品合格证、质量证明书或产品外包装上，标明肥料产品的生产日期或批号。

8. 肥料标准

①应标明肥料产品所执行的标准编号。

②有国家或行业标准的肥料产品，如果有标明但标准中没有规定的其他元素或添加物，应制订企业标准，该企业标准应包括所添加元素或添加物的分析方法，并应同时标明国家标准（或行业标准）和企业标准。

（四）标签

（1）粘贴标签及其他相应标签。如果肥料盛装物的尺寸及形状允许，标签的标识区最小应为120厘米×70厘米，最小文字高度不小于3厘米，其余应符合“肥料标识、内容与要求”国家标准（GB18382—2001）之规定。

（2）系挂标签。系挂标签的标识区最小应为120厘米×70厘米，最小文字高度不小于3厘米。

（五）质量认证书或合格证

质量认证书或合格证应符合GB/T 14436的规定。

二、肥料的鉴别注意事项

（一）从包装上鉴别

（1）检查标识。国家有关部门规定，化肥包装袋上必需

注明产品名称、养分含量、等级、商标、净重、标准代号、厂名、厂址、生产许可证号、产品标准证号及登记证号等标志；如果上述标识没有或不完整、标识字体不清晰，可能是假化肥或劣质化肥。

（2）包装。包装上必需注明水溶性磷、速效钾的百分率及是否含氯，包装袋上必需印上详细的使用说明。

（3）检查包装袋封口。对检查包装袋封口有明显拆封痕迹的化肥要特别注意，这种化肥有可能掺假。

（二）从形状和颜色上鉴别

（1）尿素：白色或淡黄色，呈颗粒状、针状或棱柱状结晶。

（2）硫酸铵：白色晶体。

（3）碳酸氢铵：呈白色或其他粉末或颗粒状结晶，个别厂家生产大颗粒扁球状碳酸氢铵。

（4）氯化铵：白色或淡黄色结晶。

（5）硝酸铵：白色粉状结晶或白色、淡黄色球状颗粒。

（6）氨水：无色或深色液体。

（7）石灰氮：呈灰黑色粉末。

（8）过磷酸钙：灰白色或浅肤色粉末。

（9）重过磷酸钙：深灰色、灰白色颗粒或粉末状。

（10）重过磷肥：灰褐色或暗绿色粉末。

（11）钙镁钾肥：灰褐色或暗绿色粉末。

（12）磷矿：粉灰色、褐色或黄色细末。

（13）硝酸磷肥：灰白色颗粒。

（14）硫酸钾：白色晶体或粉末。

（15）氯化钾：白色或淡红色颗粒。

（16）磷酸二铵：白色或淡黄色颗粒。

（三）从气味上鉴别

有强烈的刺鼻味的液体是氨水；有明显刺鼻氨味的细粒是碳酸氢铵；有酸味的细粉是重过磷酸钙；有特殊腥臭味的是石灰氮。如果过磷酸钙有刺鼻的怪酸味，则说明生产过程中很可能使用了废硫酸，这种劣质化肥有很大的毒性，极易损伤或烧死作物。

（四）加水溶解鉴别

取化肥1克，放于干净的玻璃管（或玻璃杯、白瓷碗中），加入10毫克蒸馏水（或干净的凉开水），充分摇动，看其溶解的情况，全部溶解的是氮肥或钾肥；溶于水但有残渣的是过磷酸钙，溶于水无残渣或残渣很少的是重过磷酸钙，溶于水但有较大氨味的是碳酸氢铵；不溶于水，但有气泡产生并有电石气味的是石灰氮。

（五）灼烧鉴别法

取一小勺化肥放在烧红的木炭上，剧烈地燃烧，仔细观察情况，冒烟起火，有氨味的是硝酸铵；爆响、无氨味的是氯化钾；无剧烈反应，有氨味的是尿素和氯化铵；加点硫酸铵而无氨味的是磷矿粉。

（六）化验定性鉴别

鉴别过磷酸钙和钙镁磷肥时，将两种肥料取出少许，溶于少量蒸馏水中，用pH广泛试纸识别，呈酸性的是过磷酸钙，呈中性的是钙镁磷肥。

鉴别氯化钾和硫酸钾时，加入5%的氯化钡溶液，产生白色沉淀的为硫酸钾；加入1%硝酸银时，产生白色絮状物的为氯化钾。

值得注意的是有些肥料虽然是真的，但含量很低，如过磷酸钙有效磷含量低于8%（最低标准应达12%），则属于劣质

化肥，对作物肥效不大。如果遇到这种情况，可采集一些样品（500 克左右），送到当地有关农业、化工或标准部门鉴定。

三、农民在购买肥料时应该注意的问题

某些经销商为了达到促销的目的，存在以下误导农民的现象。

①以低含量化肥充当高含量化肥；

②以本不含有长效剂和缓释剂的一次性化肥充当含有长效剂和缓释剂的化肥；

③以含氯型化肥品种充当含硫型化肥品种；

④更有甚者，以只含有机质或腐殖酸的肥料充当含氮、磷、钾大量元素的化肥。

四、氮、磷、钾化肥的相关质量标准及简易鉴别

（一）氮肥的质量标准及简易鉴别

氮肥：具有氮（N）标明量，以提供植物氮养分为其主要功效的单一肥料。

1. 尿素

总氮含量（以干基计）为 46.0%。外观为白色或淡黄色，呈颗粒状、针状或棱柱状结晶。容易吸湿而潮解。易溶于水和氨水。加热可使尿素很快溶化、挥发，并有少许白烟，可闻到强烈的氨气味。

尿素具有一定的吸湿性，其与温度、湿度的变化有密切的关系，适用于各种土壤和作物。宜作基肥、追肥、根外追肥，亦可适量做种肥。做根外追肥时其一般浓度为 0.5%～2%，喷施每亩用量为 0.5～1.5 千克，每隔 7～10 天喷施 1 次，一般喷施 2～3 次，以早晨和傍晚为好。

2. 碳酸氢铵

总氮含量（以干基计）为17%。外观呈白色或其他杂色粉末状或颗粒状结晶。有氨气味，吸湿性强，易溶于水，水溶液呈弱酸性。鉴别时可用手指拿少量样品进行摩擦，即可闻到较强的氨气味。

碳酸氢铵适用于各种作物和土壤。宜作基肥和追肥，不宜作种肥或是在秧田里施用，不论在水田还是在旱田均应深施。一般开沟施于7～10厘米深的土壤中并立即覆土，切忌撒施于地表，避免造成氮素损失和烧伤作物茎叶。在生产过程中做底肥深施，追肥穴施、条施。

3. 硫酸铵

总氮含量（以干基计）：一级品21.0%，二级品20.8%。外观为白色或浅色结晶，易吸潮，易溶于水，水溶液呈酸性。溶于水时吸收热量，与碱类作用放出氨气。加热时与尿素、硝酸铵、氯化氨相比溶化相对比较缓慢。也可用氯化钡与硫酸铵在水溶液中反应生成白色沉淀来鉴别。

硫酸铵为生理酸性肥料，适用于中性和碱性土壤。水、旱田均可施用，可做基肥、追肥和种肥，并适于各种作物。做基肥时，不论旱地或是稻田宜结合耕作进行深施，以利保肥和植物吸收。做追肥时，旱地可在作物根系附近开沟或穴施，施后覆土。做种肥时，用量较少，一般对种子发芽无不良影响。

4. 硝酸铵

总氮（N）含量（以干基计）为34.4%～34.6%。外观为白色粉末结晶或白色、淡黄色球状颗粒。易溶于水，同时，吸收大量的热而降低水的温度，具有很强的吸湿性和结块性。大量硝酸铵受热分解可发生燃烧，甚至爆炸，并有白烟产生，可闻到氨味。

5. 氯化铵

总氮（N）含量（以干基计）为25%。外观为白色或淡黄色晶体，易溶于水，溶解度随温度升高而显著增加，吸湿性强，易结块、水溶液呈酸性。加热可闻到强烈刺鼻气味，并伴有白色烟雾，氯化铵会迅速熔化并全部消失，在溶化过程中可见未熔部分呈黄色。

6. 液氨

含氮（N）量82%，为无色或深色液体，有极强的氨味。液氨是氮肥中养分含量最高的肥料，含氮（N）量为82%，是生产各种氮肥和复合肥的原料。

7. 石灰氮

呈灰黑色粉末，带有臭味。不溶于水，是一种强碱性、迟效性氮肥。粉末状石灰氮，易飞扬，对鼻黏膜和皮肤有刺激和腐蚀作用。易吸潮，使肥料体积膨胀，包装袋破裂，因此在储运时采取必要防护措施。石灰氮不宜在碱性土壤施用，不能做种肥和直接追肥施用，做基肥时提前15～20天施入，要与土壤充分混合。

（二）磷肥的质量标准及简易鉴别

磷肥具有磷（P_2O_5）标明量，以提供植物磷养分为其主要功效的单一肥料。一般分为水溶性磷肥，如过磷酸钙（普钙）、重过磷酸钙（重钙）；枸溶性磷肥，如钙镁磷肥等和难溶性磷肥，如磷矿粉、骨粉等。常用的磷肥为水溶性速效磷肥。

1. 过磷酸钙（颗粒磷肥）

俗称普钙，含五氧化二磷（P_2O_5）12%～14%。外观为深灰色、灰白色、淡黄色、浅肤色粉末或颗粒，稍带酸味，对碱的作用敏感，容易失去肥效。较难溶解于水，水溶液呈酸

性。一般情况下吸湿性较小，但如果空气湿度达到80%以上时也会吸湿结块。

过磷酸钙是我国生产量最大、使用最广泛的一种磷肥。可做基肥、种肥和追肥，均以集中施用效果最佳。做种肥时用量不宜过大。

2. 钙镁磷肥

特级品钙镁磷肥有效五氧化二磷（P_2O_5）含量为20%、氧化钙（CaO）40%、氧化镁（MgO）12%。外观为灰白色、深灰色、灰褐色、暗绿色、灰黑色颗粒或粉末状。难溶于水，弱酸溶性肥料，不吸湿，无毒性、无腐蚀性，熔点在135℃左右。

3. 重过磷酸钙

五氧化二磷（P_2O_5）含量为36%～52%。外观为灰白色、深灰色或深褐色颗粒。是一种水溶性的高浓度磷肥，水溶液呈酸性，不能与碱性物质如碳酸氢铵等混合，否则降低磷的有效性。

（三）钾肥的质量标准及简易鉴别

钾肥具有钾（K_2O）标明量，以提供植物钾养分为其主要功效的单一肥料。

1. 硫酸钾

含氧化钾（K_2O）50%，外观为白色或淡黄色结晶，也有少量呈红色晶体或粉末。易溶于水，吸湿性小，不易结块，是化学中性、生理酸性肥料。

2. 氯化钾

含氧化钾（K_2O）60%，大多为白色或淡黄色，也有略带红色。易溶于水，是化学中性、生理酸性的速效性钾肥。

五、复（混）合肥料的相关质量标准及简易鉴别

1. 定义

（1）复混肥料。氮、磷、钾三种养分中，至少有两种养分标明量的由化学方法和（或）掺混方法制成的肥料。

（2）复合肥料。氮、磷、钾三种养分中，至少有两种养分标明量的由化学方法制成的肥料，是复混肥料的一种。

（3）混合肥料。氮、磷、钾三种养分中，至少有两种养分标明量的由干混方法制成的肥料，是复混肥料的一种。

依据 GB 15063－2001 标准，适用于复混肥料（包括各种专用肥料及冠以各种名称的以氮、磷、钾为基础养分的三元或二元固体肥料）；已有国家或行业标准的复合肥料如磷酸一铵、磷酸二铵、硝酸磷肥、磷酸二氢钾、钙镁磷钾肥等应执行相应的产品标准。

2. 技术要求

（1）配合式。按顺序总氮—有效五氧化二磷—氧化钾（$N—P_2O_5—K_2O$），用阿拉伯数字分别表示其在复混（合）肥料中所占百分比含量。“0”表示肥料中不含该元素。

（2）外观。粒状、条状或片状产品，无机械杂质。

（3）复混肥料（复合肥料）。技术标准见表 5-1。

3. 检验方法

（1）外观。目视法测定。

（2）总氮含量测定。按 GB/T 8572 规定的蒸馏后滴定法进行。

（3）有效磷含量的测定及水溶性磷占有效磷百分率的计算。按 GB/T8573 规定进行。

（4）钾含量的测定。按 GB/T 8574－1988 规定的四苯基合硼酸钾重量法进行，取消其中 6.1 中加甲醛步骤。

（5）水分测定。按 GB/T 8577 规定的卡尔·费休仲裁法或 GB/T 8576 规定的真空烘箱法进行。

（6）粒度测定。筛分法。

4. 常见复合肥

（1）磷酸一铵，含氮（N）12%，含五氧化二磷（P_2O_5）48%，为灰白色或深灰色颗粒。

（2）磷酸二铵，是以磷为主的氮磷复合肥，含氮（N）18%，含磷（P_2O_5）46%。为白色或淡黄色颗粒。适用于各种土壤和作物。多用于缺磷土壤，其可做基肥、追肥和种肥。做种肥时每亩用量以 2.5～3 千克为宜，避免肥料与种子接触，减少对种子发芽的影响，做基肥时条施。

（3）硝酸钾，含氮（N）13%、含氧化钾（K_2O）45%左右。

（4）硝酸磷肥，为灰白色颗粒。含氮（N）26%，含五氧化二磷（P_2O_5）13%。宜用于旱田土壤，不适于水田施用。其可做追肥，亦可做基肥，做基肥时要深施。在储存和运输过程中，由于其具吸湿性，水溶液呈酸性，因此，不应与碱性肥料混放。

（5）磷酸二氢钾，是磷钾二元复合肥，总有效成分 87%，其中，含五氧化二磷（P_2O_5）52%、氧化钾（K_2O）35%，纯磷酸二氢钾为白色结晶，易溶于水，吸湿性小，水溶液 pH 为 3.0～4.0。由于磷酸二氢钾价格昂贵，一般多用于根外追肥和浸种。

六、有机—无机复混肥料的相关质量标准及简易鉴别

1. 有机—无机复混肥料

来源于标明养分的有机和无机物质的产品，由有机和无机肥料混合和（或）化合制成。

依据 GB 1887－2002 标准。适用于以畜禽粪便、动植物残体等有机物料为主要原料，经发酵腐熟处理，添加无机肥料制成的有机—无机复混肥料。

2. 外观要求

粒状或粉状产品，无机械杂质，无恶臭。

3. 技术指标

表 5-1 为有机—无机复混肥料技术指标。

表 5-1　有机—无机复混肥料技术指标

项　目		指　标
总养分（$N+P_2O_5+K_2O$）（%）	≥	15.0
有机质（%）	≥	20.0
水分（H_2O）（%）	≤	12
酸碱度（pH）		5.5～8.0

注：1. 组成产品的单一养分含量不得低于 2.0%，且单一养分测定值与标明值负偏差的绝对值不得大于 1.5%；

2. 肥料中重金属含量、蛔虫卵死亡率和大肠菌值指标应符合国家标准 GB 8172 的要求。

4. 试验方法

（1）外观：目视法测定。

（2）总氮含量测定：按 GB/T 8572 规定进行。

（3）有效磷含量测定：按 GB/T 8573 规定进行。

（4）总钾含量测定：按 GBAT 8574 规定进行。

（5）水分测定：按 GB/T 8576 规定的真空烘箱法进行。

（6）有机质含量测定：重铬酸钾容量法。

（7）酸碱度的测定：pH 值酸度计法。

第二节　常用肥料的包装标识及储藏

一、术语

1. 标明量

根据国家法规规定，在肥料或土壤调理剂标签或质量证明书上标明的元素（或氧化物）含量。

2. 保证量

按法规或合同要求，商品肥料必需具备的数量和（或）质量指标。

3. 标识

用于识别肥料产品及其质量、数量、特征、特性和使用方法所做的各种表示的统称。标识可用文字、符号、图案以及其他说明物等表示。

4. 标签

供识别肥料和了解其主要性能而附以必要资料的纸片，塑料片或者包装等容器的印刷部分。

5. 配合式

按 $N—P_2O_5—K_2O$（总氮—有效五氧化二磷—氧化钾）顺序，用阿拉伯数字分别表示其在复混肥料中所占百分比含量的一种方式。“0”表示肥料中不含该元素。

二、肥料的包装

固体化学肥料的包装执行国家标准 GB 8569－1997。

1. 多层袋

塑料编织袋外袋＋高密度聚乙烯薄膜内袋。塑料编织袋外袋＋改性聚乙烯薄膜内袋。塑料编织袋外袋＋低密度聚乙烯薄膜内袋。

2. 复合袋

二合一袋（塑料编织布/膜或塑料编织布/牛皮纸）。三合一袋（塑料编织布/膜/牛皮纸）。

每袋净含量（50±0.5）千克、（40±0.4）千克、（25±0.25）千克或（10±0.1）千克。每批产品平均袋净含量不得低于50千克、40千克、25千克和10千克。

三、肥料的标识内容和要求

肥料的标识内容和要求执行GB 18382。应标明产品名称、商标、有机质含量、总养分含量、净重、生产许可证号、标准号、登记证号、企业名称、厂址。

产品如含硝态氮，应在包装容器上标明“含硝态氮”。

以钙镁磷肥等枸溶性磷肥为基础磷肥的产品应在包装容器上标明为“枸溶性磷”。如产品中氯离子的质量分数大于3.0%，应在包装容器上标明“含氯”。其余执行GB 18382。

在规定每袋净含量范围内的产品中有添加物时，必需与原物料混合均匀，不得以小包装形式放入包装袋中。

1. 基本原则

（1）标识所标注的所有内容，必需符合国家法律和法规的规定，并符合相应产品标准的规定。

（2）标识所标注所有内容，必需准确、科学、通俗易懂。

（3）标识所注的所有内容，不得以错误的、引起误解的或欺骗的方式描述或介绍肥料。

（4）标识所标注的所有内容，不得以直接或间接暗示性的语言、图形、符号导致用户将肥料或肥料的某些性质与另一肥料产品混淆。

2. 一般要求

标识所标注的所有内容，应清楚并持久地印刷在统一的并形成反差的基底上。

3. 文字

标识中的文字应使用汉字，可以同时使用少数民族文字、汉语拼音及外文（养分名称可以用化学元素符号或分子式表示），汉语拼音和外文字体应小于相应汉字和少数民族文字。应使用法定计量单位。

4. 图示

图示应符合国家标准 GB 190 和 GB 191 的规定。

5. 颜色

使用的颜色应醒目、突出，易使用户特别注意并迅速识别。

6. 耐久性和可用性

直接用在包装上，应保证在产品的可预计寿命期内的耐久性，并保持清晰可见。

7. 标识的形式

分为外包装标识、合格证、质量证明书、说明书及标签等。

8. 标识内容

（1）肥料名称及商标。应标明国家标准、行业标准已经规定的肥料名称。对商品名称或者特殊用途的肥料名称，可在产品名称下以小一号字体标注。

（2）国家标准、行业标准对产品名称没有规定的，应使用

不会引起用户、消费者误解和混淆的常用名称。

（3）产品名称不允许添加带有不实、夸大性质的词语。

（4）企业可以标注经注册登记的商标。

（5）肥料规格、等级和净含量。肥料产品标准中已规定规格、等级、类别的，应标明相应的规格、等级、类别。肥料产品单件包装上应标明净含量。

（6）养分含量。应以单一数值标明养分的含量。

①单一肥料应标明单一养分的百分比含量。若加入中量元素、微量元素，可标明中量元素、微量元素。但应按中量元素、微量元素两种类型分别标明各单养分含量及各自相应的总含量，不得将中量元素、微量元素含量与主要养分相加。

微量元素含量低于0.02%或中量元素低于2%的不得标明。

②复混肥料应标明N、P_2O_5、K_2O总养分含量，总养分含量标明值应不低于配合式中单一养分标明值之和，不得将其他元素或化合物计入总养分。应以配合式分别标明总N、有效P_2O_5、K_2O的百分含量。

③中量元素肥料应分别单独标明各中量元素养分含量及中量元素养分含量之和，含量小于2%的不得标明。若加入微量元素，可标明微量元素，应分别标明各微量元素的含量及总含量，不得将微量元素含量与中量元素相加。

④微量元素肥料应分别标出各种微量元素的单一含量及微量元素养分含量之和。

（7）若加入其他添加物，可标明其他添加物，应分别标明各添加物的含量及总含量，不得将添加物含量与主要养分相加。产品标准中规定需要限制并标明物质或元素等应单独标明。

（8）生产许可证编号。对国家实施生产许可证管理的产品，应标明生产许可证编号。

（9）生产者或经销者的名称、地址，应标明经依法登记注册并能承担产品质量责任的生产者或经销者名称、地址。

（10）生产日期和批号。应在产品合格证、质量证明书或产品外包装上标明肥料产品的生产日期或批号。

（11）肥料标准，应标明肥料产品所执行的标准编号。有国家或行业标准的肥料产品，有超出规定的其他元素或添加物，应制定企业标准。该企业标准应包括所添加元素或添加物的分析方法，并应同时标明国家标准和企业标准。

（12）警示说明。运输、储存、使用过程中不当，易造成财产损坏或危害人体健康和安全的，应有警示说明。

（13）其他。生产企业认为必要的、符合国家法律、法规要求的其他标识。法律、法规和规章另有要求的应符合其规定。

（14）标签。粘贴标签及其他相应标签，如果容器的尺寸及形状允许，标签应为120毫米×70毫米，最小文字高度为3毫米。系挂标签的标识最小应为120毫米×70毫米，最小文字高度为3毫米。

质量证明书或合格证：应符合GB/T14436的规定。

四、化肥的合理运输与储存

化肥包装件的运输工具应干净、平整、无突出的尖锐物，以免刺伤刮破包装件。严禁违章装卸。

化肥的包装件不容许露天储存，以防止日晒雨淋。应储存于场地平整、阴凉、通风、干燥的仓库内，防潮、防晒、防破裂。堆置高度应小于7米。

有特殊要求的产品储存，应符合相应的产品标准规定。

避免与粮食、蔬菜、种子、农药同室堆放。

第三节　田间促销

一、促销意义与主要内容

（一）三要点

改变环境、踏实服务、解决问题。

促销到现场，服务到田间。现场勘察农户的种植条件，如土壤结构、肥水灌溉等，找出农民在农业生产中存在的问题，特别是化肥施用存在的问题，施用过产品的可作为调查回访，未施用过产品则进行宣传推广，侧重向农民提出科学种田的好建议、好点子。强调平衡施肥，传播科学种田知识，具体了解农家的土地与种植情况，促销定位角色是农化专家，是农户的贴心好友，需要制造真实的现场效果。此项活动应请区域性农化专家参加，现场为农户解决实际问题。田间促销的好处是改变了与客户交流的环境，消除客户的心理戒备，易于沟通，易于发展忠诚客户。

（二）田间促销的组织意义

动员网络成员以及一切相关人员，培养下乡到田间的习惯。由于季节的原因，到田间的时间会受到影响，如果把田间工作进一步细化，就会发现，无论什么时候到田间，都会有事情做。营销人员在田间可以促销，更加重要的是通过服务来学习农化知识，运用农化知识，培养和建立与消费者的情感纽带，这是一个优秀营销人员必备的素质。特别是农资行业，业务员要热爱农民，关心农民，在此之上，开展商务活动。否则，促销会变样走形，业务人员的短期行为就是企业的短期行为，企业就很难长久发展。

二、田间促销关注事宜

（1）关注当地农业生产的基本情况。了解当地的农业生产情况对于促销有直接意义，比如政府的农业生产导向、农业扶持政策、当地农业生产的发展方向、农业支柱性产业的发展与规划等方面，使促销工作具有宏观性和预见性，这样才不会迷失方向，才能够更好地取得政府的各种支持。

（2）关注当地农民生产方式与种植结构。农民的生产方式或多或少地存在这样或那样的问题，这是我们促销的突破点，要仔细观察，认真分析，发现问题，然后帮助农民解决问题，最后才是促销工作。其中，种植结构问题是主要方向，粮食种植与经济作物种植都存在问题。

（3）关注当地农业生产投入与产出的问题。农民生产性投入是比较粗放的，要学会从中发现问题，并帮助农民解决问题。农业产出的问题不仅是产量的问题，还有品质、品种、品牌等一系列问题。要关注当地农民种植过程中存在的问题，农民的种植技术在进步，但与时代的要求距离还很大，要针对性地进行科学指导。

（4）关注化肥施用存在的问题。化肥利用率低，特别是氮肥品种，农民因不掌握施肥技术，造成严重的化肥浪费，既增加了农民的负担，又浪费了国家的资源。化肥施用方法不当主要表现在不同化肥的施用方法没有掌握，操作比较粗放等方面，需要我们进一步通过田间促销进行普及指导。化肥品种选择不正确的主要表现有不了解化肥、不懂测土施肥、不懂化肥配方、不会选购肥、不了解化肥品种的不同功能等。如果在田间促销中增加平衡施肥与测土施肥技术两项服务，促销的效果会更好。

（5）寻找为农民创造财富的办法。可定期定时采用多种方

法向农民传播市场信息，向农民提供针对性的信息全程服务。要向农民提出有效建议，田间促销的建议不能集中在施肥上，是全方位的农业生产建议，这对营销人员的素质提出了更高的要求，企业可以进行针对性的培训，编制操作手册，也可以借力操作。

（6）直接介入操作。动员网络成员力量以及社会力量，构建农产品的产、运、销一条龙服务。参加农业生产投入，定价收购农产品，比如按合同向农民供应豆类配方肥料，定价收购黄豆或花生，销售给食用油加工厂，再收回加工厂的废料生产肥料，继续销给农民。玉米也可以这样操作，将玉米卖给酒精厂，再将酒精厂的废料加工成肥料，返销给农民。

三、掌握促销时机

（1）化肥施用前要以产品推销为主，植物生长过程中要以回访与肥效为主，收获时与收获后要看效果并进行问题总结。田间促销的组织包括时间、人员、地点、内容和着重点，具体的实施包括工作要点、导购、农化服务和宣传方式。

（2）实际操作地点要选择农户蔬菜种植大棚。参加人员可以是业务员、经销商、门店经理和农化人员，主要观察种植的品种分类与长势（根、叶、茎）以及大棚条件（土质、棚温、通风、灌溉条件）。要重点询问部分包括种植情况、生长情况、施肥情况。要找出问题所在，并与去年同期对比、同类化肥对比。然后进行指导并采取措施进行补救。

活动策划要事先做好日程、线路、地点、组织等安排。辅助内容主要有促销用品、交通工具、食宿安排。费用测算也是必要的，包括费用列项、费用审核和费用负担。

四、田间促销的营销策划

1. 田间促销与服务必须得到充分的认识

田间促销涉及的范围极其广泛，需要预先培养专业队伍。田间服务是规模性促销，要诉求规模性效果。田间促销以销售系统为主，如果组织规模性促销活动可以要求农化系统配合，或另行组织人员系统操作。要将田间促销的方式固定下来，企业可制定制度与流程管理，以保持持续操作的可能性。田间促销可与其他促销有机结合起来。田间促销还需要媒体配合。企业可以编写《田间促销手册》，供业务员使用。

2. 田间促销用语

（1）化肥与植物营养方面。植物营养缺乏症可以引起植物生长中出现许多问题，可以从植物生长过程的表观现象分析出来。不同植物对不同养分需求不同，不同植物生长的田间管理不同，植物生长障碍不一定是养分吸收问题，要同时了解其他因素的影响。植物生长问题要早发现，早解决。判断肥效的方法有许多，比如苗期看肥效，不能只简单地看苗是否发绿，还要看叶片的颜色、厚度、脉络、整体形状是否畸形。

（2）化肥与田间管理方面。田间促销关注的要点包括土、肥、水、种、密、保、管、工等方面。正确的化肥施用方法方面要看化肥品种选择是否正确，要在合理的时间施用，要以合理的化肥量施用，要在合适的位置、合适的深度施用，要注意种、肥隔离。

（3）化肥造成肥害的原因。施肥方法不对、时间不对、用量不对、没有浇灌或掌握雨水、产品的质量有问题、化肥配方不对、灾害后的负面影响等。

（4）化肥与施用特点方面。化肥与农家肥配合施用效果最好。化肥可以与微量元素肥料配合施用。生物肥料施用要注意不能和农药一同使用，保管时，也不能与农药放在一起。

模块六　主要作物的施肥技术

第一节　主要果树营养与施肥

果树随季节的变化一年中要经历抽梢、长叶、开花、果实生长与成熟、花芽分化等不同的时期，即年周期。在年周期中，果树的需肥特性也表现出明显的阶段营养特性。其中，以开花期、花芽分化期、果实膨大期需肥的数量和强度最大。因此，果树的施肥应该根据整个生命周期和年周期的营养要求来确定肥料用量和合理配比，以提高产量和质量。

树体多年生长，具有储藏营养的特性。果树经过多年的营养吸收，树体内储藏了大量的营养物质，这些营养物质在夏末秋初由叶片向树体回运，春季又由树体向新生长点调运，供应前期芽的继续分化和枝叶生长发育的需要。储藏营养是果树安全越冬、来年前期生长发育的物质基础。果树在春季抽梢、开花、结果初期所用的养分80％来自树体储藏的营养物质。

树体营养和果实营养要协调一致。在果树的年周期中，营养生长和生殖生长有重叠或交叉，容易形成果树各器官对养分的竞争。如偏施氮肥，会导致营养生长过旺，枝叶徒长，花芽分化不良，果实也会着色不良，糖少酸多，影响品质。反之，如果施氮不足则营养生长不良，也不能正常发育。因此，在果树生产中必须保持营养生长和生殖生长的平衡，保证高产、稳产。

一、苹果营养与施肥

（一）苹果树根系的特点

苹果的根系由骨干根、须根和吸收根组成。在疏松土壤上骨干根可深达2～3米，在瘠薄的山地土壤中往往只有30厘米左右。吸收根是在生长季节中，在须根的先端出现短小的白色新根，根上布满白色绒毛状根毛，养分、水分通过根毛进入树体。吸收根主要分布在10～14厘米处。

幼树根系的水平伸展比树冠扩展快，为树冠的2～3倍。成龄后，由于耕作、施肥和环境因子的影响，根系水平分布区大体与树冠外缘相适应。

1. 苹果根系的生长

苹果根系全年均可生长，在常规栽培条件下，全年有2～3次生长高峰。成龄树多为2次，幼龄树多为3次。

第一次根系生长的高峰多在萌芽前开始到新梢旺盛生长期。当春季土壤温度在3～4℃时，根系开始生长，从3月中旬开始到4月中旬达到高峰。这次发根高潮时间短、发根多，主要依靠树体储藏营养。以细长根为主，这类根系生长期长，可发育成骨干根，在树冠外围的发根势较强。生产中常通过秋冬施肥来增加树体储藏营养，以满足发根高潮时对养分的吸收。

第二次根系生长的高潮在春梢将要停止生长和花芽分化之前。通常在6月底至7月初。此次发根主要是生长细根及网状根，是全年发根最多时期。在树冠范围的中部发根势较强，这与树冠不同投影部分的温度、水分有关。夏季生长的这类须根生长期短、容易死亡，夏季的干燥高温往往会加速这一进程。土壤表面的吸收根，从生长到木栓1～3天，降低了根系的吸收作用。生产中常采用花芽前追肥，是由于此次追肥满足了长根和花芽分化所需的大量养分，根系的大量生长又促进了养分的吸收，从而改善了整个树体的营养状况。随着秋梢生长、果实膨大及花芽的大量分化，根系生长转入低潮。

第三次根系生长的高潮多在秋梢缓长之后出现。常在9月上旬至11月下旬。此次发根量也较多，这时的细长根多半能长成骨干根。早施秋基肥有利于这次根系的生长。

2. 根系生长对土壤条件的要求

苹果属于深根性果树，要求土层深厚的土壤，土层应达到0.8米以上。苹果适宜种在肥沃壤土上，既能保水保肥，又能透水透气。土壤有机质达3%左右，有利于地上部和根系生长。苹果喜微酸性到中性土壤（pH为5.5～6.7）。在酸性土上种植的苹果树易缺磷、钙、镁；碱性土上的苹果则易缺铁、锌、硼、锰。

苹果根系生长与土壤含水量也有关系，土壤干旱时，根系分叉多、粗短。当土壤含水量低于田间持水量的20%时根系生长停止，地上部分严重受害。以田间持水量的60%～80%为宜。

（二）苹果树的营养

苹果树各器官中各主要矿质元素的含量均以叶部最高，其次是结果枝和果实，而以根中养分含量最低（表6-1）。

表6-1　苹果树各器官主要营养元素含量　（%）

营养元素	果实	叶	营养枝	结果枝	树干和多年生枝	根（粗、细）
氮	0.4～0.80	2.30	0.54	0.88	0.49	0.32
磷（P_2O_5）	0.09～0.20	0.45	0.14	0.28	0.12	0.11
钾（K_2O）	1.20	1.60	0.29	0.52	0.27	0.23
钙	0.10	3.00	1.42	2.73	1.28	0.54

各器官中养分含量随着生长季节的不同而发生动态变化。在早春，叶片中氮、磷、钾含量最高，随物候期进展而逐渐减少，至果实膨大高峰期，叶片中各种养分最少。晚秋后，各种养分含量又有所回升。枝条中养分含量，尤其是氮的含量，以萌芽期、开花期为最多，随生长期推进而逐渐减少。7月以后含量最少，但至落叶期，枝条中氮、钾含量再度增加，而磷的含量变化不大。同样，果实内养分含量也是有变化的。一般幼果养分含量高，成熟时体内碳水化合物比重大，因而主要矿质养分的含量（%）下降。

一般每生产100千克苹果需要氮0.3千克，磷（P_2O_5）0.08千克，钾（K_2O）0.32千克。

1. 氮

叶片中含氮2%～4%（以干物计），平均2.3%左右。它主要分布在树体生长旺盛的部位，以叶、花、幼果和根尖、茎尖等器官中含量最多。

苹果树对氮的吸收可分为三个时期。第一个时期是从萌芽到新梢迅速生长期，为最大需氮期，所需氮素养分主要依靠前一年的储藏养分。第二个时期是从新梢旺长到果实采收前，吸氮速度变小而平稳，属氮素营养稳定期，各种形态的氮均处于较低水平。第三个时期是从采收前夕开始到养分回流，为根系再次生长和养分贮备期。

氮与苹果的营养生长密切相关。氮素充足时枝繁叶茂，树势健壮。缺氮时光合作用降低60%以上。树体含氮适宜，叶面积大，叶绿素多，因而光能利用率高。同时氮素充足，幼嫩枝叶多，赤霉素含量高，可以促进气孔的开张，提高光合效率。氮能提高果枝的活力，促进花芽分化和提高坐果率，促进果实增大，产量提高。但氮素水平过高，对产量和果实品质、风味均有不利影响。氮素营养水平不仅影响苹果地上部的生长，而且对根系生长和养分吸收也有深刻影响。

2. 磷

苹果根系对土壤中磷的吸收能力强，既能吸收水溶性磷，也能吸收弱酸溶性磷，甚至难溶性磷。这可能与果树及真菌形成的菌根有一定关系。苹果树体吸收到的磷，可从老叶移向幼叶，也可以从幼叶运向老叶；既可以向上迁移，也可向下迁移。

磷有利于碳水化合物的形成，促进糖分运转，不仅能提高产量、含糖量，也能改善果实的色泽。磷营养水平高时，可有较充足的糖分供应，促进根系生长，提高吸收根的比例，而改善树体从土壤中吸收养分的能力。磷能使果树及时通过枝条生长阶段，使花芽分化阶段来临时，新梢能及时停止生长，促进花芽分化，增加坐果率。磷还能增强树体抗逆性，减轻枝干腐烂病和果实水心病。据陕西省凤县的试验结果（两年平均），单施氮，水心病发病率为 62.2%，而氮、磷配合施用时仅为 23.4%，效果十分明显。磷对氮素营养也有调节作用。

苹果树缺磷时，花芽形成不良，新梢和根系生长减弱，叶片变小。积累的糖分转化为花青素，使叶柄变紫，叶片出现紫红色斑块，叶缘出现半月形坏死。此外，果实色泽不鲜艳。但含磷过高，会阻碍锌、铜、铁的吸收，引起叶色黄化，当叶片磷、锌比值大于 100 时，将出现小叶病。

3. 钾

钾在茎叶幼嫩部位和木质部、韧皮部的汁液中含量较高。在苹果的树干、多年生枝条和根中钾的含量较少。然而随着物候期的变化，各器官中含钾量也发生变化。晚秋，树体进入休眠期时，有许多钾转移到根部，也有一部分钾随落叶返回到土壤中。

苹果需钾量大，增施钾肥能促进果实肥大，增加果实单个重。试验结果表明，钾浓度从 10 毫克/千克提高到 100 毫克/千克，红玉和国光苹果的单果质量分别从 136 克和 94 克提高到 211 克和 207 克，而且高钾处理的苹果含糖高，色泽也较好。

氮、钾配合施用并保持适宜的比例对苹果产量、品质、发病率、着色度都有明显影响（表 6-2）。

表 6-2　氮、钾不同配比对苹果（国光）果实的影响

培养液氮:钾	干周（厘米）	收果（数/株）	平均果质量（克）	糖分（%）	酸（%）	苦痘病发病率（%）	着色度	叶部症状
1:8	16.2	31	153	16.4	0.99	29.8	+	脉间黄化（缺镁）
1:4	17.4	35	176	14.7	0.90	7.2	+++	正常
1:2	18.2	39	162	14.5	0.84	0	+++	正常
1:1	18.8	36	144	15.2	0.92	0	+++	正常
2:1	19.3	37	181	15.0	0.76	75.0	+	正常
4:1	17.4	35	156	15.1	0.74	100	——	叶焦（钾缺乏）
8:1	12.9	13	109	11.0	0.65	100	——	叶焦（钾缺乏）
1:0	18.9	17	74	12.2	0.61	0	—	叶焦（钾缺乏）

4. 钙

苹果各器官含钙量有较大差异，在叶片中含量较多。果实含钙量 0.1%，叶片为 3%，营养枝为 1.42%，结果枝为 2.73%，树干和多年生枝中为 1.28%，根系为 0.54%。Terblanche 报道，树体全钙的分布是：根部占 18%，干材占 40%，树皮占 11%，叶片占 13%，果实占 18%。

钙在树体内再利用率很小，一旦进入叶片，通常就很难再流出供应其他器官，因此，老叶中含钙量最多。Wieke 指出，虽然钙移动性小，但翌年春季从树体中重新动用的钙能提供新梢、叶片、果实所需钙的20%～25%。足量的钙除能保护细胞膜组织，还可提高苹果的品质，延长果实的保质期。

苹果树整体缺钙比较少见，但果实缺钙却比较普遍。通常，果实含钙量较低，是其临近叶片含钙的1/40～1/10。果实吸钙的特点：在幼果发育3～6周是果实吸钙的高峰期，到7月上旬，果实总需钙量的90%已进入幼果，这一时期是苹果钙素营养的临界期，必须保证幼果有充足的钙素营养。果实缺钙主要原因：一是树体吸钙量不足，与根系强弱、新根多少、蒸腾作用、土壤酸度、土壤活性钙的数量等因素有关；二是钙在树体内分配不当，苹果幼果吸钙高峰期与新梢旺盛生长期几乎出现在同一时期，若此期氮素较多，则枝叶旺长，会争夺大量的钙素，导致果实出现低钙；三是雨水多，果实迅速膨大，导致钙被稀释，相对浓度下降。

钙素不足时，根系粗短弯曲，根尖回枯，地上部新梢生长受阻，叶片变小褪绿。幼叶边缘四周向上卷曲，严重时叶片出现坏死组织，枝条枯死、花朵萎缩，果实易腐烂，树体易发生病害。Fast发现，苹果果皮中钙低于700毫克/千克或果肉中低于200毫克/千克易产生苦痘病、软木酸病、心腐病、水心病、裂果等生理性病害，尤其在高氮低钙的情况下更易发生。

（三）苹果树施肥技术

1. 氮肥的施用

（1）氮肥的适宜用量。据全国果树化肥试验网的资料，不同树龄的适宜氮量（每株）为：未结果树0.25～0.45千克；生长结果期树0.45～0.9千克；结果生长期树0.9～1.4千克；盛果期树1.4～1.9千克。氮肥过少或过多都有降低产量的趋势。武继含等在黄河故道区对盛果期苹果树进行不同氮肥用量

试验指出，以株施氮肥 1.25 千克效果最好，不仅增产幅度大，而且果实品质也有明显改善，炭疽病、轮纹病感染率下降 2.64%。又据烟台、渭北地区的丰产经验，每 100 千克果实施氮 0.8～1 千克为宜。

（2）氮肥的适宜施用时期。氮的施用时期直接影响苹果树营养生长和生殖生长的平衡与协调。岳群光等（1978）的试验表明，不同生育时期施用氮肥，其作用方向总是促进当时生长发育活跃器官的形成。如在采收后和早春施用氮肥，可促进新梢的生长，健壮树势；花前追肥可促进新梢生长，提高坐果率；花芽分化前后追施氮肥，可促进花芽分化提高果实产量，也可导致秋梢生长过旺和果实品质下降；采收前 2～3 周追施氮肥，可以提高单果重量，但也能导致秋梢旺长和果实品质下降。因此，掌握好施肥适宜时期是苹果施肥的关键之一。

氮肥主要以追肥方式施入。通常可在下述五个时期追施氮肥，但对具体果园来说，只需根据树势选择其中 1～2 个时期施入氮肥即可。

①芽前或花前追肥。开花前苹果既要开花结果，又要长叶发枝，氮素养分的供求矛盾比较突出，此时追施氮肥既可明显提高坐果率，又能促进枝叶生长。陕西省果树研究所的研究结果表明，此次追肥时间早，效果好，即使迟至花期施用，仍有保果作用。但花前追肥的保果效果因树而异，旺树有相反作用。

②花后追肥。花后树体营养物质运转中心已转移到新梢上，因而花后追肥可以显著地促进新梢的生长。也有资料认为，花后追肥可减少采前落果数从而增加果实采收量。但是，此次氮肥用量过多时，将明显降低坐果率。

③花芽分化前追肥。花芽分化前追肥，可以促进花芽分化，增加花芽数，提高花芽质量，增加翌年坐果率，对当年果

实膨大也有好处。许多试验资料表明，花芽分化前是苹果树施氮最大效能期。

氮肥施用过多，易延迟春梢生长或大量促生二次枝，对花芽分化不利。因为大部分花芽，特别是顶花芽，必须在枝叶停止生长后才开始分化。因此，一定要掌握好氮肥用量。施用时期以春梢生长缓慢、部分停止生长时为宜。当树体营养生长过旺时，应停止这一次氮肥的施用，结合短期干旱和合理修剪，以控制营养生长，促进花芽分化。

④果实膨大期追肥，能促进果实生长，并能促进叶片的同化作用和提高花芽质量。但这次追氮量过多，将导致果实品质的下降和秋梢生长，降低树体的越冬能力。

⑤秋季追肥。苹果树春季新梢生长及开花坐果，主要是利用前一年秋季储藏在树体内的养分。本次追肥可以促进叶片的同化作用，增加树体储藏养分，提高花芽质量，对翌年春梢生长、坐果都有明显影响。秋季追肥宜在秋梢停止生长后尽早进行。

总之，追肥是调节苹果树生长结果的积极手段，无论什么时候施肥都有一定增产效果。但也并不是施肥次数愈多愈好，至于具体苹果园应几次追施氮肥，何时施用，应根据树势灵活掌握。总的原则是，树势弱的以增强树势提高坐果率为主攻方向时，应侧重秋季及翌年花芽分化前追肥；树势壮的主攻方向是促进花芽形成，以花芽分化期前的追肥为重点。为了克服苹果树的大、小年，在“大年”时氮肥施用重点放在花芽分化前，可促使翌年的“小年”形成更多的花芽，使之提高产量；“小年”时，氮肥应重点促进营养生长，增强树势，以秋季和春季追肥为主。

2. 磷、钾肥和有机肥的施用

磷、钾肥和有机肥除施入定植穴外，每年还应以基肥形式

施入这些肥料。基肥要早施，秋施基肥比春施好，早秋施用又比晚秋或冬季施用好。秋施基肥时，根系正处于生长高峰期，断根愈合快，有机肥矿化速率大，部分营养可被树体当年利用，对满足树体春天萌芽、开花、结果、生长发育都有重要作用。同时，磷、钾肥的施入有利于诱根下扎，更好地利用深层土壤中的养分和水分，并利于提高抗逆性。

磷肥、钾肥也可做追肥施用，目的在于提高果品质量，促进花芽分化。一般多在生育后期施用，可施入土中，也可采用喷施方法。

3. 苹果树施肥

测定苹果树土壤养分状况，根据土壤肥力应用测土配方施肥技术确定施肥量和施肥方法，或采用推荐施肥量。每亩氮肥用量为 24～36 千克（折合尿素为 52～78 千克），磷肥用量为 6.4～9.6 千克（折合磷酸二铵为 14～21 千克），钾肥用量为 12.8～19.2 千克（折合硫酸钾为 26～39 千克），腐熟的优质农家有机肥料用量为 4000～5000 千克。

（1）基肥。腐熟的优质农家有机肥料用量为 4000～5000 千克，全部做基肥，配合适量的化肥。基肥的施用时间一般在上一年的9～10 月进行，有利于果树充分吸收利用，确保果树健壮生长。施肥方法一般采用环状沟施法或放射状施肥。施肥沟深度以 30～60 厘米为宜。

（2）追肥。追肥应以速效化肥为主，根据土壤肥力状况、树势强弱、产量高低以及是否缺少微量元素等来确定施肥种类、数量和次数，每年追肥 1～2 次。

①花前肥在早春萌芽前进行，肥料以施氮肥为主，配施适量的磷钾肥，以满足花期所需养分，提高坐果率，促使新梢生长。

②花后肥应在花谢后进行，肥料以磷钾肥为主，配施适量

的氮肥，以减少生理性落果，促进枝叶生长和花芽分化。

③果实膨大期追肥以施钾肥为主，配施适量的氮磷肥，以增加树体养分的积累，促进果实膨大，确保着色和成熟，提高果品产量和质量。

追肥方法一般采用放射状沟施肥和环状沟施肥法。施肥沟深度一般为15～20厘米，施入肥料后盖土封严，若土壤墒情差，追肥要结合浇水进行。

为了迅速补充果树养分，促进苹果增个、保叶，可采取根外追肥的方法。将肥料溶液喷洒在苹果树叶片上，通过苹果叶片吸收利用，保证苹果正常生长和预防缺素症。追肥时间一般应在9：00～11：00点或14：00～16：00进行，避开中午高温阶段，喷洒部位应以叶背为主。尿素在萌芽、展叶、开花、果实膨大至采果后均可喷施，施用浓度早期用0.2%～0.3%，中后期用0.3%～0.5%。磷酸二氢钾，喷施浓度早期用0.2%，中后期用0.3%～0.4%。

4. 苹果树的中量、微量元素失调及矫治

苹果树体中营养元素含量不足或比例失调都会产生营养障碍，引起各种生理病害。矫治苹果树的营养障碍首先应进行树体营养诊断，可依据叶片分析数据来判别树体的营养状况。

（1）钙。苹果缺钙一般施用钙肥加以矫治。生产中可以石膏、石灰、过磷酸钙和其他钙质肥料与有机肥一起作基肥，也可采用根外喷施方法。据研究，采前8周以0.3%硝酸钙水溶液喷施，连喷4次，每次间隔一周，可以有效地防治苦痘病。周厚基等试验证明，盛花后3周、5周和采前10周、8周，一年2～4次对苹果树喷施0.5%的硝酸钙，可使水心病病果率从25%下降到8%。对于水心病的防治除上述方法外，施用硝磷复合肥也可以减轻水心病的发生，单施钾肥有加重水心病的趋势，适时早采也可以减轻水心病的发生。

（2）硼。当苹果叶片含硼量为0.2～5.1毫克/千克就可能出现缺硼症。缺硼时，苹果树可以繁花满树而果实稀少，同时，根尖、颈尖受害，新梢尖端枯萎，枝条回枯，严重时可枯死到三年生枝。缺硼时普遍出现"枯梢""簇叶""扫帚枝"，果实出现缩果病，果肉和果实表面出现木栓、干斑。但是，硼过量会促进果实早熟并增加落果量，严重时，叶片全部呈褐色、干枯而死。

矫治苹果缺硼，可在盛花期喷0.2%～0.4%的硼砂溶液。缺硼严重的树，可在萌芽前向土壤施硼砂，每株施100～250克，施后，可显著增加坐果率，提高单果重和总产量。

（3）铁。苹果叶片中含铁量低于150毫克/千克就可能缺铁，出现缺铁症。苹果缺铁时幼叶首先出现失绿黄化现象。开始叶脉为绿色，叶肉黄化，严重时叶脉也黄化，叶片出现褐色枯斑，最后枯死脱落。缺铁苹果树的树势衰弱，花芽形成不良，坐果率差。

关于苹果缺铁症矫治，至今还没有理想的方法。某些方法常常是治标不治本或仅引起缓解和减轻作用。国外常用的螯合铁有乙二胺四乙酸铁、二乙酸铵五乙酸铁，因价格昂贵，生产上无法广泛使用。国内常用的螯合铁有黄腐酸铁、尿素铁等，喷施螯合铁数次，有较好效果。用0.1%～0.5%乙二胺四乙酸铁注射树干也有明显效果，一星期内黄化叶子可以复绿。硝酸亚铁、硝酸亚铁铵、氨基酸铁、柠檬酸铁，也有不同程度的效果。采用绿肥、有机肥覆盖树干周围的土壤，对矫治苹果树缺铁黄化也有一定的成效。

（4）锌。苹果树缺锌时新梢或枝条生长受阻，出现小叶病，叶片狭窄、质脆、小而簇生。有的枝条只有顶端几个芽眼生出簇叶，其他芽眼不长叶或叶片脱落，呈"光腿"现象，严重缺锌时枯梢，病枝花果少、小，且畸形。

矫治苹果小叶病的主要措施是施锌肥。常用锌肥有硫酸锌、氧化锌、氯化锌。在生长期内，特别在盛花后3周左右喷施0.1%～0.3%硫酸锌有良好效果，锌溶液中加入0.5%尿素的效果更为明显。环烷酸锌（300毫克/千克）和尿素（300毫克/千克～500毫克/千克）混合喷施也有较好效果。

二、大樱桃营养与施肥

大樱桃的根系较浅，特别是山丘地栽植的草樱桃为砧木的大樱桃树，根系在土层中的分布只有20～30厘米，抗旱、抗风能力差。适宜在土层深厚、透气性好、保水力较强的沙壤土和砾质壤土上栽培。适宜的土壤pH为6.0～7.5。

（一）大樱桃的营养

大樱桃具有树体生长迅速、发育阶段明显而集中的特点。尤其是结果树，展叶抽枝和开花结果都在生长季的前半期，从开花到果实成熟仅需45天左右，花芽分化又集中在采果后1～2个月的时间里。具有生长迅速、需肥集中的特点。因此大樱桃越冬期间储藏养分的多少、生长结实和花芽分化期间的营养水平高低，对壮树、丰产有着重大影响。

大樱桃生长年周期中，有利用储藏营养为主和利用当年制造营养为主两个营养阶段。利用储藏营养为主的生长阶段大约从春季萌芽到春梢生长变缓为止，是大樱桃生长发育极为集中的时期。幼树约在6月下旬，盛果树约在果实采收以前，这期间主要有根系的生长、萌芽、开花、坐果、新梢生长、幼果发育，其中，果实的发育和新梢生长之间的营养竞争十分突出。因此，通过秋施基肥增加树体越冬前的储藏营养是大樱桃施肥技术的重要内容。

以利用当年制造营养为主的营养阶段大约是从春梢生长变缓到树体落叶休眠为止，此阶段经历花芽分化、果实速长及营

养回流储藏等过程。因此，应重视采果后花芽分化期间施肥，特别是花芽分化前1个月适量施用氮肥，能够促进花芽分化和提高花芽发育。

（二）大樱桃施肥技术

取土测定土壤养分状况，根据土壤肥力应用测土配方施肥技术确定施肥量和施肥方法，或采用下面推荐施肥量与施肥技术。大樱桃的施肥时期、施肥量和施肥方法，因树势、树龄和结果量而不同。烟台大樱桃产区，对幼树和初果树一般不追肥，结果树一般施肥3次，即冬春基肥、花果期追肥和采后补肥。

1. 基肥

基肥一般在秋冬季早施为宜，有利于提高树体储藏营养水平，促使花芽发育充实，增强抵抗霜冻的能力。基肥以有机肥料为主，如人粪尿、厩肥、堆沤肥、鸡粪、豆饼等。根据烟台大樱桃产区总结多年的施肥经验，幼树和初果期树每棵施用人粪尿30～50千克，或厩肥50～60千克；结果大树每棵施人粪尿60～80千克，或施厩肥60～80千克。人粪尿采用放射状沟施或开大穴施用；猪圈肥结合土壤深耕进行或行间开沟深施，深度50厘米左右。

2. 追肥

（1）花果期追肥。此次追肥在花谢后，目的是为了提高坐果率和供给果实发育、新梢生长的需要，同时促进果实膨大。结果大树株施复合肥1～2千克，或株施人粪尿30千克，开沟追施，施后灌水。

（2）采后补肥。果实采收后追肥是一次关键性的施肥，是大樱桃周年发育的一个重要转折时期。此时补充养分对促进花芽分化、增加营养积累和维持树势健壮具有重要的意义。成龄大树每株施复合肥 1～1.5 千克，或人粪尿 70 千克，或腐熟的厩肥 100 千克；初果期果树每株施磷酸二铵 0.5 千克左右。

（3）根外追肥。春季萌芽前枝干喷施 2%～3%的尿素溶液可弥补树体储藏营养的不足，花期喷 0.3%的尿素、600 倍磷酸二氢钾和 0.3%硼砂溶液可明显提高坐果率。

三、梨树营养与施肥

（一）梨树根系特点

梨树和苹果树一样，属深根性果树，垂直深度可达 2～3 米，60%的根系集中分布在 30～60 厘米处。

1. 梨树根系的生长

梨树根系的生长每年有两次高峰。第一次在 5 月底至 6 月初，新梢停止生长后，根系生长最快，形成第一次生长高峰。第二次根系的生长高峰是在 10～11 月，因此果实采收后应进行秋季深耕施肥，有利于梨树积累储藏营养，同时由施肥所损伤的根系也容易恢复。

2. 根系对土壤的要求

梨树对土壤条件要求不严格，山地、平原、河滩地都可种植，但仍以土层深厚、土质疏松、排水良好的沙壤土较好。梨树喜中性偏酸性的土壤，但在 pH 为 5.8～8.5 时均能生长良好。

（二）梨树的营养

梨树各器官中养分的含量以叶片养分的含量最高，其次是结果枝和果实。但磷的含量是结果枝最高，其次是叶片和根部，营养枝、树干和多年生枝最低（表 6-3）。

表 6-3　梨树各器官主要营养元素含量　　　(%)

营养元素	果实	叶	营养枝	结果枝	树干和多年生枝	根（粗、细）
氮	0.41～0.70	2.25	0.57	0.99	0.52	0.40
磷（P_2O_5）	0.10～0.25	0.32	0.11	0.40	0.09	0.17
钾（K_2O）	1.10	1.5	0.34	0.51	0.33	0.34
钙	0.20	2.00	1.42	2.61	1.29	0.52

梨树对氮的吸收高峰在 5 月，由于新梢扩展对氮的吸收量增加，因果实发育的需要，7 月又形成对氮吸收的第二个高峰。梨树对氮和钾的吸收相似。梨树对磷的吸收变幅不大，新梢生长引起的高峰值在 5 月，以后逐渐减少。

据测算每生产 100 千克果实，需要吸收氮 0.47 千克，磷（P_2O_5）0.23 千克，钾（K_2O）0.48 千克，幼树期氮、磷、钾的比例一般为 1∶0.5∶1 或 1∶1∶1，结果期适宜的氮、磷、钾比例为 2∶1∶3 或 1∶0.5∶1。

1. 氮

氮素的供应水平直接影响果实的大小、品质和风味。如果早期停止氮素的供应，果实产量低但含糖高。如果氮素一直充分供应则果实大、产量高，但因氮素过多果实的含糖量降低。林氏等对 20 世纪梨进行沙培试验，结果见表 6-4。

表 6-4　氮素停用时期与果实大小、糖分的关系

停施时间（月/日）	果重（克）	横径（毫米）	全糖（以每 100 毫升果汁计）（克）	还原糖（以每 100 毫升果汁计）（克）	非还原糖（以每 100 毫升果汁计）（克）
6/1	199.0	75.7	9.3	5.2	4.1
6/15	216.0	79.3	9.1	4.1	5.0
7/1	270.0	82.6	8.8	5.4	3.4
7/15	277.0	84.1	7.8	5.6	2.2
8/1	293.0	85.3	7.7	5.1	2.6
8/15	296.0	84.9	6.8	5.8	1.0
9/1	302.0	85.5	7.0	6.2	0.8

2. 磷

磷能明显促进细胞分裂，使梨果的细胞数量多，梨的个体大，有利于发新根，花芽分化也多。梨树对磷的需要量比较少，抗缺磷的能力比较强，在种植草莓和蔬菜的土壤上已表现缺磷，梨树仍然能正常生长。当梨树磷素供应不足时，叶色呈紫红色，尤其是春季和夏季生长较快的枝叶几乎都呈紫红色。

3. 钾

梨树对钾的需要量与氮相当。适量的钾能促进细胞和果实增大，提高梨果的含糖量。梨树缺钾时当年生的枝条中下部叶片边缘产生枯黄色，或呈焦枯状，叶片常发生皱缩或卷曲。严重缺钾的梨树可整叶枯焦，挂在枝上不易脱落。枝条生长不良，果实常呈不熟的状态。

4. 钙

梨树对钙的吸收接近于氮和钾，周年吸收动态是叶片中钙的含量由春季展叶到秋季落叶呈逐渐增加的趋势，梨树果实迅速膨大期需要大量的钙。钙素不足，梨树容易产生生理病害，如缺钙的鸭梨易感染黑心病。据研究，果实中氮、钙的比值也影响黑心病的发病程度，健康的鸭梨果实氮、钙比为 6.8∶1，而病果的氮、钙比为 9.2∶1。

（三）梨树施肥技术

取土测定土壤养分状况，根据土壤肥力应用测土配方施肥技术确定施肥量和施肥方法，或采用推荐施肥量。每亩氮肥用量为 28.8～38.4 千克（折合尿素为 63～84 千克），磷肥用量为 20.7～27.6 千克（折合磷酸二铵为 45～60 千克），钾肥用量为 28.8～38.4 千克（折合硫酸钾为 58～77 千克），腐熟的优质农家有机肥料的用量为 4000～5000 千克。

1．基肥

秋季采果后至落叶前结合深耕深翻施入土壤中，以有机肥为主配合适量化肥。其中，氮、钾肥占总施肥量的50%，磷肥占总施肥量的70%。

2．追肥

我国梨园通常根据树势在下列各时期中选择2～3个时期追肥。

（1）花前追肥。早春芽萌动、开花、发叶、抽枝都需要消耗大量的养分，新梢开始生长时，树体储藏的养分基本用完，此时需要大量的氮素供应。此次追肥以氮肥为主。如果树势强壮，花芽太多，为了控制花果量也可不施用花前肥，改施用花后肥。

（2）花后追肥。在花期内或花后新梢旺盛生长期之前施用。目的在于促进枝叶生长和促进花芽分化。肥料用量不宜过多，以免引起新梢生长过旺，影响花芽和果实的膨大。

（3）果实膨大追肥。通常在春梢生长停止前施用，除了施用氮肥外还要施用磷钾肥，特别是钾肥，避免偏施氮肥，影响果实的品质。

四、葡萄营养与施肥

（一）葡萄根系特点

葡萄具有强大的根系，但没有主根，枝条埋入地下的那部分形成骨干根，即根干和侧根。葡萄的骨干根主要是输送水分和养分，同时也是养分储藏的重要场所，储藏的养分可占全部储藏养分的70%～85%，从萌芽生长到开花结果主要依靠树体储藏的养分。当年叶片制造的养分除满足生长发育所需之外，多余的可回流到根系储藏起来。

1. 葡萄根系生长

葡萄是深根性果树，垂直分布的深度为20～80厘米。根系的水平覆盖面也很大，在栽植沟内两侧伸展长度可达7～8米。葡萄根系没有休眠的特性，只要条件适宜就可以不停地生长，因而抗寒能力差，只能忍耐－7～－5℃的低温。

葡萄根系发根容易，生长迅速。枝条插入土中后，12℃即可开始发根，最适宜的温度为28～30℃，每天可长1厘米以上。最初从插穗节部长出的根一般在10厘米左右开始形成二级根，二级根迅速生长并分生出三级根，一年就可形成七级或更多级根，从而形成庞大的根系，这是葡萄早期丰产的重要保证。

一年中葡萄根系的生长有两次高峰。第一次在5～6月。第二次在9～10月，气温下降适合于根系生长。葡萄受伤或切断后易产生不定根，施基肥时对根系的部分损伤实际上可促进根系的进一步生长。因此秋施基肥可以促进根系的生长发育和树体储藏养分。

2. 葡萄根系对土壤条件的要求

葡萄根系对土壤适应性强，除了极黏重土壤、沼泽地和重盐碱土外，其他的土壤都适合于生长。最理想的土壤是肥沃松软的沙壤土。

葡萄根系对土壤酸碱性适应性也很强，可在pH为5.0～8.0时生长，最适宜的pH为6.0～7.0。

葡萄根系对土壤水分有一定的要求，土壤干旱根系停止生长，容易落花、落果甚至死亡；土壤水分过多则根系容易腐烂。一般以田间持水量的60%～70%为宜。

（二）葡萄的营养

葡萄各器官中养分的含量以叶片最高，其次为新根、新

梢；再次为叶片和新梢，磷的含量根中最高；钾的含量果实中最高，最少的是叶片和旧梢。葡萄对养分吸收量的顺序为：钾＞氮＞磷。氮的吸收以叶片最多，果实次之；磷的吸收果实最多，其次是叶片；钾的吸收果实最多，因此钾肥在葡萄浆果成熟中具有重要作用。一般每生产 100 千克葡萄需要氮 0.6 千克，磷（P_2O_5）0.3 千克，钾（K_2O）0.72 千克。

1. 氮

氮素与葡萄枝叶生长和产量密切相关。适量的氮素供应能使葡萄树体枝叶繁茂，芽眼萌发提早，坐果率增加，产量提高。氮素供应不足新梢生长势弱，叶色淡绿，叶片薄而小，易早落。枝蔓细而短，停止生长早。果穗、果粒小，产量明显下降。氮素过多枝叶徒长，并易受病害侵袭。生长后期氮素过多，果实着色延迟，香气降低，品质下降。

葡萄对氮的吸收表现为生长初期因土壤温度低，吸收量少，花穗出现后吸收速度加快，至果实膨大期达到最高峰，到成熟期氮的吸收又减缓。葡萄生长的前期需氮量较大，主要供应芽眼、新梢生长和开花坐果的需要。此时的氮素主要来源于储藏在树体内的氮，因此，生产中强调早施氮肥，以防氮素的供应脱节。生长后期氮肥用量不宜太大，避免氮肥过多的症状。果实采收后应及时追施氮肥，对增强后期光合作用、树体养分积累及花芽分化具有比较好的作用。

2. 磷

葡萄对磷的吸收表现为在新梢生长旺盛期和果实膨大期吸收速率最大，直到成熟期仍能大量吸收。后期茎叶中的磷不断向果实转移，果实中磷的含量升高。果实采收后，茎、叶中的含磷量再度提高。

葡萄缺磷时枝条的萌发和开花延迟，新梢生长减弱，叶片小，呈暗绿色，无光泽，基部叶片早落。果色不鲜艳，含糖量低、品质差。磷素过多易导致铜、锌的缺乏。

3. 钾

葡萄需钾量较大，有“钾质植物”之称。葡萄对钾的吸收表现为在整个生长期内均能进行，在果实膨大期对钾的吸收量明显增加。钾能提高葡萄植株纤维素含量，能使细胞壁增厚，促使枝蔓成熟，从而提高抗寒抗病能力。钾素充足可促进浆果成熟，提高含糖量。

葡萄缺钾时叶色浅、叶片的边缘出现坏死斑点，有时叶片向上或向下卷曲，叶肉扭曲、表面不平。夏末新梢基部老叶易变紫褐色或暗褐色，从叶脉间开始，逐渐覆盖全叶。严重缺钾的植株，果穗少而小，穗粒紧，色泽不均匀，果粒小。

（三）葡萄施肥技术

取土测定土壤养分状况，根据土壤肥力应用测土配方施肥技术确定施肥量和施肥方法，或采用推荐施肥量。每亩氮肥用量为36～48千克（折合尿素为78～104千克），磷肥用量为24～36千克（折合二铵为52～78千克），钾肥用量为28.8～43.2千克（折合硫酸钾为58～86千克），腐熟的优质农家有机肥料的用量为4000～5000千克。

1. 基肥

葡萄落叶后到萌芽前，只要土壤不上冻都可施基肥，一般秋冬施比春施好，秋施比冬施好，秋施又以收获后尽量早施好。一般基肥用量为全年肥料用量的40%～60%，有机肥全部做基肥，配合施用磷、钾肥，深施于根系密集层。值得注意的是，巨峰葡萄开花时，如若树体氮素过多，则新梢生长过旺易引起大量落花，而基肥中氮在开花时又被大量吸收，因此，对巨峰葡萄应控制基肥中氮的用量。

2. 追肥

根据土壤的肥力状况和树的长势，葡萄通常每年追肥2～3次。

（1）萌芽肥。芽眼膨大时根系大量迅速活动前（开花前）进行第一次追肥。一般以氮肥为主结合施磷、钾肥，以促进花芽继续分化使芽内迅速形成第二、第三花穗。巨峰葡萄应根据树势控制氮肥用量，防止大量落花。

（2）壮果肥。在5月下旬，落花后幼果开始膨大，追肥的目的是促进果实迅速膨大，一般以氮肥为主结合施钾肥。

（3）催果肥。浆果期进行第三次追肥，在7月中旬，可提高果实含糖量、改善品质、促进成熟。追肥以钾肥为主，根据树势适当施氮、磷肥。如果树势健壮、枝叶繁茂可以不施氮肥。

在葡萄生长发育过程中，还可以根据树势情况进行根外追肥，花前一周可叶面喷施0.2%磷酸二氢钾和0.3%硼砂，能提高坐果率。坐果后到成熟前，喷2～3次0.3%磷酸二氢钾，能提高产量、改善品质。对缺铁失绿的葡萄，可喷施硫酸亚铁或柠檬酸铁等矫正缺铁症状。

3. 葡萄的中量、微量元素失调及矫正

（1）钙。葡萄需钙量比较大，果实中含钙高达0.57%，高于苹果。钙对调节葡萄树体的生理平衡具有重要的作用。葡萄缺钙时幼叶皱卷，呈淡绿色，脉间有灰褐色的斑点，叶缘部位出现针头大的坏死斑点，新梢顶端枯死，根部停止生长甚至腐烂。

葡萄缺钙的预防与矫治方法：避免一次大量施用钾肥和氮肥；叶面喷施钙肥，如叶面喷洒0.3%的氯化钙水溶液。

（2）镁。葡萄对镁的需要量也较多，叶片含镁0.23%～

1.08%，果实中含镁0.01%～0.025%。缺镁时易出现失绿黄化斑，多发生在生长季节后期，从植株老叶开始发病，最初老叶脉间褪绿或出现黄色斑点，严重时整个叶片变成黄色，或叶片坏死脱落。

葡萄缺镁的预防与矫治方法：要定时施足有机肥料，对成年树也应在入冬前施用优质有机肥料；缺镁严重的葡萄园应适当减少钾肥的用量；在植株开始缺镁时叶面喷施3%～4%的硫酸镁，生长季节喷3～4次；缺镁严重的土壤可施用硫酸镁肥料。

（3）硼。葡萄需硼量较高，对土壤缺硼相当敏感，土壤有效硼的含量小于0.5毫克/千克时，葡萄不能正常生长。硼能提高坐果率，提高果实中维生素和糖的含量。葡萄缺硼时生长点死亡，小侧枝增多，枝条节间短而脆，茎的顶端肿胀，卷须坏死，果穗稀疏或果不育，幼果果肉变褐。缺硼的症状容易在早春和夏季出现。

葡萄缺硼的预防与矫治方法：生长期喷施0.2%的硼砂溶液；秋施基肥时施用硼砂或硼酸，每亩施用1.5～2千克。

（4）锌。葡萄对锌也比较敏感，缺锌时易得小叶病，新梢生长量少，叶梢弯曲。落花落果严重，果粒大小不一。

葡萄缺锌的预防与矫治方法：花前2～3周喷碱性硫酸锌，用喷雾湿润整个果穗和叶的背面。碱性硫酸锌的配制方法，将480克硫酸锌和359克喷雾石灰加到100千克水中。

（5）铁。葡萄缺铁时影响叶绿素的形成，先是幼叶失绿，叶脉间黄化，具绿色网脉。缺铁严重时叶片变黄，甚至白色，叶片严重褪绿部位常变褐色或坏死。新梢的生长量减少。花穗和穗轴变浅黄色，坐果不良。

葡萄缺铁的预防与矫治方法：叶面喷施0.5%的硫酸亚铁溶液，可根据情况每隔20～30天喷施一次。用硫酸亚铁涂抹

枝条，浓度为每升水中加硫酸亚铁 179～197 克，修剪后涂抹顶芽以上的部位。

五、茶树营养与施肥

（一）茶树的营养特性

1. 茶树需肥量

茶树是以采收幼嫩芽叶为对象的多年生经济作物，每年要多次从茶树上采摘新生的绿色营养嫩梢，这对茶树营养耗损极大。与此同时，茶树本身还需要不断地生长根、茎、叶等营养器官，以维持树体的繁茂和继续扩大再生长，以及开花结实繁衍后代等，都要消耗大量养料。因此，必须适时地给予合理的补充，以满足茶树健壮生长，使之优质、稳产、高产。

茶树生长所必需的矿质元素有氮、磷、钾、钙、铁、镁、硫等大量元素和锰、锌、铜、硼、钼、铝、氟等微量元素。在这些元素中氮、磷、钾消耗最大，常常需要作为肥料而加以补给，故称为肥料三要素。茶树消耗氮素最多，磷、钾次之。

2. 茶树对养分需求的特点

（1）氮。氮是合成蛋白质和叶绿素的重要组成成分，施用氮肥可以促进茶树根系生长，使枝叶繁茂，同时促进茶树对其他养分的吸收，提高茶树光合效率等。氮素供应充足时，茶树发芽多，新梢生长快，节间长，叶片多，叶面积大，持嫩期延长，并能抑制生殖生长，从而提高鲜叶的产量和质量。施氮肥对改善绿茶品质有良好作用；过量施氮肥，对红茶品质则有不利影响；若与磷钾肥适当配合，无论对绿茶还是红茶都可提高品质。氮肥不足则树势减弱，叶片发黄，芽叶瘦小，对夹叶比例增大，叶质粗老，成叶寿命缩短，开花结果多，既影响茶叶产量又降低茶叶品质。正常茶树鲜叶含氮量为 4%～5%、老叶为3%～4%，若嫩叶含氮量降到4%以下，成熟老叶下降到3%以下，则标志着氮肥严重不足。

(2) 磷。磷肥主要能促进茶树根系发育，增强茶树对养分的吸收，促进淀粉合成和提高叶绿素的生理功能。从而提高茶叶中茶多酚、儿茶素、蛋白质和水浸出物的含量，较全面地提高茶叶品质。茶树缺磷往往在短时间内不易发现，有时要几年后才表现出来。其症状是新生芽叶黄瘦，节间不易伸长；老叶暗绿无光泽，进而枯黄脱落；根系呈黑褐色。

(3) 钾。钾对碳水化合物的形成、转化和储藏有积极作用，它还能补充日照不足，在弱光下促进光合同化，促进根系发育，调节水代谢，增强对冻害和病虫害的抵抗力。缺钾时，茶树下部叶片早期变老、提前脱落，茶树分枝稀疏、纤弱，树冠不开展，嫩叶焦边并伴有不规则的缺绿，使茶树抵抗病虫害和其他自然灾害的能力降低。

肥料是茶树生长的食粮，是茶叶增产和提高品质的物质基础。因此，施肥对茶树的生长以及茶叶的产量与质量起着重要作用。良好的施肥技术，能最大限度地发挥施肥的增产作用，保持和提高茶叶的优良品质，维持茶树的旺盛生长态势，同时利于恢复和提高土壤肥力。但如果施肥不当，不仅不能增加茶叶产量，还会造成茶叶品质严重下降，甚至会给茶树生长造成不利的影响。因此，茶园施肥要求因地制宜，采用适当的肥料种类及施肥方法，才能充分发挥肥效，达到施肥的目的。为了获得优质高产的鲜叶原料，养分供应是最重要因素之一。

茶树在整个生长发育过程中，不同的生育阶段对营养物质的需求是不同的。幼龄茶树以培养健壮的枝条骨架、分布深广的根系为目的，必须增加磷、钾元素的比例，以施用幼龄肥为主；处于长势旺盛的壮年时期，为促进营养生长，提高鲜叶的产量，适当增加氮素是必要的。但茶叶是嗜好品，对品质要求

很高。不同茶类，其品质特征差异较大。如红茶的品质特征是红汤红叶、滋味浓强，要求含有较高的多酚类含量；绿茶的品质特征是清汤绿叶，滋味鲜爽，要求含有较高的含氮化合物，如氨基酸、蛋白质；乌龙茶类（如单丛、水仙、铁观音、奇兰、黄金桂等）的品质特征是香气浓郁、滋味醇和，要求有较高的芳香物质和氨基酸。这些品质特征的形成与茶树施肥有密切关系，所以，只有施用适合不同茶类的专用肥，才能保证和提高茶叶品质。

（二）茶树的施肥技术

1. 优化施肥原则

重视有机肥，有机肥与无机肥配合施；重视基肥，基肥与追肥配合施；重视春肥，春肥与夏、秋肥配合施；重视氮肥，氮肥与磷、钾肥及微量元素肥配合施；重视根部肥，根部施肥与根外追肥配合施。

2. 施肥数量

（1）低施肥量。每采收 100 千克干茶，吸收土壤纯氮约 4.5 千克。一般从茶园采收 100 千克干茶应补偿 10 千克纯氮，才能维持土壤原有肥力水平。如预计每亩产 150 千克干茶，应施 15 千克纯氮，其中，5 千克做基肥，10 千克做追肥。

（2）中施肥量。每采收 100 千克干茶，补施 12.5 千克纯氮，1/3 做基肥，2/3 做追肥。

（3）高施肥量。每采收 100 千克干茶，补施 15 千克纯氮，1/3 做基肥，2/3 做追肥。有机肥，如菜饼、厩肥、堆肥、绿肥等，应每年或隔年基施，也可作为隔行施，并结合施磷、钾肥，于秋茶后施入。用量一般为采摘茶园每亩施饼肥 150 千克或土杂肥 1500 千克。

3. 施肥次数与配比

在茶园施肥中，追肥次数可适当多些，使土壤中有效氮含量的季节分布比较均衡，在茶树生长的各个高峰能吸收到较多的养分，以利于增加茶叶全年产量。每年施2次的为：春茶前施60%，夏茶前施40%。每年施3次的为：春茶、夏茶、秋茶前，分别施40%、30%和30%，或50%、25%和25%。每年施4次的为：春茶前施40%，夏茶前20%，三茶前施20%，四茶前施20%。氮、磷、钾的配比在（2～4）∶1∶1的变幅内灵活选用。

4. 有机基肥施用方法

（1）深度。深挖20～25厘米肥料沟施。质地黏重的黄泥土，可适当深施以利改土培肥，使根系深扎；沙质土宜适当浅施，以减少淋溶损失。

（2）时间。宜早不宜迟。以浙江省杭州茶区为例，一般在寒露，即10月8日前后即可施基肥，最晚不过立冬，即11月8日左右。如与秋收、冬种劳动有矛盾，可提早至9月下旬进行。

5. 化肥使用方法

（1）深度。常用的碳酸氢铵易挥发，沟施深度应达到10厘米，并随施随覆土。尿素可适当浅施。

（2）时间。碳酸氢铵做春肥，适用期为茶芽鳞片至鱼叶开展时，即早芽品种2月下旬至3月上旬，中芽品种3月中旬，迟芽品种3月下旬至4月上旬。尿素比碳酸氢铵提前5～7天施。夏、秋季追肥，应选择在茶叶采摘高峰后施入。杭州茶区夏季追肥一般在5月下旬，秋茶在7～8月，但不宜伏旱期施肥，应施在伏旱前后。

第二节 主要蔬菜营养与施肥

蔬菜多为喜硝态氮作物，在栽培介质中存在硝态氮和铵态氮时，蔬菜一般倾向于吸收硝态氮。如番茄、菠菜等在完全供给硝态氮时产量最高，随着铵态氮供给比例的增加，产量逐渐下降。菠菜在100%的铵态氮中几乎不能生长。

蔬菜需钙、硼、钼较多。常见蔬菜缺钙的症状有：大白菜、甘蓝、莴苣的“叶焦病”和“干烧心病”，番茄、辣椒的“脐腐病”等。蔬菜需硼量也比较大，一般蔬菜植株体内硼含量在10毫克/千克以上，甜菜可高达75.6毫克/千克。许多蔬菜土壤供应硼不足时容易发生缺硼症状，如芹菜的茎裂病、萝卜的褐心病或水心病、甜菜的心腐病等。一般豆类蔬菜和十字花科蔬菜钼的含量较高。

蔬菜对土壤肥力要求高，蔬菜对土壤养分含量的要求远远高于大田作物。章永松等研究了土壤有效养分丰缺的指标（表6-5），应注重提高土壤肥力水平，以保证蔬菜生产持续优质、高产和稳产。

表6-5 土壤有效养分丰缺状况的分级

（毫克/千克）

水解氮	有效磷	速效钾	交换性钙	交换性镁	有效硫	土壤养分丰缺状况
小于100	小于30	小于80	小于400	小于60	小于40	严重缺乏
100～200	30～60	80～160	400～800	60～120	40～80	缺乏
200～300	60～90	160～240	800～1200	120～180	80～120	适宜
大于300	大于90	大于240	大于1200	大于180	大于120	偏高

蔬菜的品种很多，能够种植的蔬菜有200多种，已大规模种植的有50多种，可分为瓜类、豆类、茄果类、叶菜类、根

菜类、葱姜类等。各类蔬菜的主要生物学特性不同，营养特性也有所差异，因此应采用不同的施肥技术。总的原则是：有机肥料和化肥配合施用，按需施用大量元素，适时适量补充中量元素和微量元素肥料。基肥以有机肥和磷、钾肥为主，有机肥的用量每亩不低于 3000 千克，追肥以速效化肥为主。追肥的次数，露地蔬菜2～3 次，设施栽培蔬菜应适当增加施肥量和施肥次数。定植或播种前深翻土壤、整平耙实，取土测定土壤养分状况，根据土壤肥力应用测土配方施肥技术确定施肥量和施肥方法，或推荐施肥量与施肥技术。

一、瓜类蔬菜营养与施肥

瓜类蔬菜有黄瓜、甜瓜、西瓜、西葫芦、南瓜、丝瓜、冬瓜等，该类蔬菜喜湿不耐涝、喜肥不耐肥，适宜富含有机质的肥沃土壤。

（一）黄瓜

1. 营养特点

黄瓜为一年生草本蔓生攀缘植物，根系主要分布在 0～25 厘米的土层内，10 厘米内最为密集，属浅根性蔬菜。黄瓜对土壤条件要求较高，土壤水分过多或过少，土壤通气不良等，均会影响黄瓜的生长和产量。适宜中性或弱酸性的土壤。黄瓜吸水能力强，耗水量大，需要经常灌溉。

黄瓜产量高，因此对养分的需要量比较大，每生产 1000 千克黄瓜需要吸收氮 2.8～3.2 千克，磷 0.5～0.8 千克，钾 2.7～3.7 千克，钙 2.1～2.2 千克，镁 0.4～0.5 千克，对养分的需求是钾＞氮＞钙＞磷＞镁。

黄瓜的生育周期分为幼苗期、初花期和结果期。黄瓜不同生育期对养分的吸收不同，初花以前，植株生长缓慢，对养分

的吸收量比较少，随着不断的开花结果，养分的吸收量逐渐增加。在整个生长发育的过程中对氮的吸收有两次高峰，分别出现在初花期至采收期，采收盛期至拉秧期。对磷、钾、镁的吸收高峰在始采期到采收盛期，对钙的吸收在盛采期至拉秧期。

2. 施肥技术

(1) 基肥。播种或定植前结合土壤耕翻施入土壤中或播种时距种子15厘米左右开沟施用。一般每亩施优质的农家有机肥料3000～4000千克，磷酸二铵10～15千克和硫酸钾15千克，将其混合后施用。

(2) 追肥。黄瓜是连续采收的蔬菜，需要不断追肥，以保证果实的正常生长发育和植株的健壮生长。依据土壤肥力和土壤质地情况，一般追肥3～5次，原则以速效化肥为主。

①结瓜初期进行第一次追肥，每亩施用尿素10千克（或硫酸铵20千克），硫酸钾10千克。

②盛瓜期进行第二次追肥，以后每15～20天追肥一次，每次追肥的数量可适当减少，最后一次追肥可以不追钾肥。在结瓜盛期可用0.5%的尿素和0.3%～0.5%的磷酸二氢钾水溶液叶面喷施2～3次。

(二) 西瓜

1. 营养特点

西瓜是一年生蔓生草本植物，根系发达。主根深度可达1米以上，主根上长出一级侧根，从一级侧根上长出二级侧根，一、二级侧根呈水平分布，半径可达1.5米，形成西瓜根系的骨架。西瓜对土壤条件要求不是很严格，以土层深厚、排水良好、肥沃的壤土和沙质壤土为好。

西瓜一生分为幼苗期、抽蔓期和结果期，不同发育时期对养分的需求有所不同。幼苗期吸收养分的数量比较少；抽蔓期生长量加快，吸收量逐渐增加；结瓜期，生长量最大，吸收量也最大，吸收量占总吸收量的80%以上，每生产1000千克的西瓜需氮2.5～3.3千克，磷0.3～0.6千克，钾2.3～3.1千克。

2. 施肥技术

(1) 基肥。一般每亩施用优质农家有机肥料4000～5000千克，磷酸二铵25～30千克，硫酸钾10～15千克，结合耕翻施用或集中施入播种畦或瓜沟内。

(2) 追肥。西瓜抽蔓期和果实生长盛期吸收营养元素较多，应重点追肥。

①伸蔓肥（预施结果肥），第一次追肥在西瓜团棵后，每亩施用硫酸铵7.5～15千克，硫酸钾15千克。有条件的可施用饼肥，有利于植株健壮生长，而且不会徒长。

②结果肥，幼果有鸡蛋大小时开始进行第二次追肥，目的是促进果实膨大，维持植株长势。每亩施用硫酸铵10～15千克，硫酸钾5千克。

③瓜长到碗口大小时（坐瓜后15天左右），每亩追施尿素5～10千克、磷酸二铵5千克、硫酸钾7.5～10千克。此外，在西瓜生长期间，可以结合防治病虫害，在药液中加入0.2%～0.3%的尿素和磷酸二氢钾（二者各半），进行叶面喷肥，每隔10～15天喷1次。也可以单独喷施。

第一批果实采收后，如拟延长生长季节，争取结二三次果，应再追肥2～3次。具体方法参照上面的结果肥。

（三）西葫芦

1. 营养特点

西葫芦为一年生草本植物，根系发达，主要根群深度为15～20厘米，分布范围120～210厘米。耐低温和弱光的能力

强，具有较强的吸水力和抗旱能力，对土壤的要求也不太严格，在沙土、壤土或黏土上均可很好地生长，而且产量高，病害相对较轻、采瓜期长。

西葫芦的生育期分为幼苗期、初花期、结瓜期。幼苗期需肥量较少，随着开花结果对养分的需求逐渐增大。西葫芦属喜肥蔬菜，对养分的需求量比黄瓜高，每生产 1000 千克西葫芦需要氮 3.92 千克、磷 2.13 千克、钾 7.29 千克。

2. 施肥技术

（1）基肥。西葫芦对厩肥、堆肥等有机肥料具有良好的反应，施肥应以有机肥为主，肥料配合上必须注意磷肥、钾肥的供给。基肥的用量一般每亩施用 5000～7000 千克优质农家有机肥料、尿素10～15 千克、磷酸二铵 30～40 千克、硫酸钾 30～40 千克。

（2）追肥。①当根瓜开始膨大时进行追肥，每亩追施尿素 10～15 千克、磷酸二铵 10 千克、硫酸钾 20 千克。②在果实生长和陆续采收期间，根据长势应追肥 2～3 次，每次每亩施用尿素 10～15 千克。

二、豆类蔬菜营养与施肥

豆类蔬菜包括菜豆、豇豆、豌豆、采用大豆、蚕豆、刀豆、扁豆等。豆类蔬菜最大的营养特点是根系具有根瘤，能固定空气中的氮素，因此，对氮肥的需要量少，但需磷肥、钾肥比较多，对土壤养分要求不严格。

（一）菜豆

1. 营养特点

菜豆俗称四季豆、芸豆，以食用嫩荚和种子为主，是我国重要的春、夏、秋季蔬菜。菜豆根据其茎的生长习性可分为矮生菜豆和蔓生菜豆。菜豆的根系比较发达，直根入土深。主根和侧根上可形成根瘤，可固定空气中的氮素，能为菜豆生长发育提供约1/3的氮素营养，因此，对氮肥的需要量少。菜豆适宜生长的pH为5.5～6.5，耐酸能力较弱，土壤pH值下降时严重影响菜豆的生长。

每生产1000千克菜豆需要吸收氮10.1千克、磷1.0千克、钾5.0千克，其中，氮素约1/3来自根瘤菌固氮。不同品种养分的需要量不同，矮生菜豆比蔓生菜豆对养分的需要量少。矮生菜豆生育期短，从开花盛期就开始大量吸收养分；蔓生菜豆生育期长，到嫩荚伸长时才开始大量吸收养分。菜豆对磷的需要量不多，但缺磷使植株和根瘤菌生长不良，严重影响产量。菜豆的生育期分为幼苗期、抽蔓期和开花结荚期，苗期和结荚期是施肥的关键时期。

2. 施肥技术

(1) 基肥。播种或定植前结合土壤耕翻施入土壤中，或播种时距种子15厘米左右开沟施用。菜豆根系的根瘤固氮作用较弱，尤其是在根瘤菌未发育的苗期，利用基肥中的养分促进菜豆的生长发育非常重要。一般每亩施优质的农家有机肥料3000～4000千克，尿素10千克、磷酸二铵15千克和硫酸钾10千克混合后施用，或复合肥20～30千克。矮生菜豆可适当减少。菜豆根系需要良好的通气条件，施用未腐熟的鸡粪或其他有机肥，土壤容易产生有害气体，氧气减少，引起烂种和根系过早老化。因此基肥应选择完全腐熟的有机肥，也不宜用过多的氮素肥料。

(2) 追肥。根据土壤肥力状况和菜豆长势，一般蔓生菜豆追肥2～3次，矮生菜豆追肥1～2次。

①播种后20～25天，菜豆开始花芽分化时可适当追肥，育苗移栽的菜豆在缓苗后可适当追肥，每亩追施尿素5～10千

克，磷肥 5～10 千克。

②开花结荚期追肥。菜豆坐荚后根据菜豆的长势追肥，每亩用尿素 5～10 千克、硫酸钾 5 千克。

③第一次收获后，菜豆进入开花结荚盛期，进行第三次追肥，以速效氮肥为主，如尿素 10 千克。在收获的中后期，如发现脱肥现象，可再追施尿素 10 千克左右，防止早衰延长生长期，增加产量。

（二）豇豆

1. 营养特点

豇豆根系发达，主根能达到 1 米深，侧根可达 0.8 米。对土壤条件要求不严格，旱地、贫瘠土壤也能生长，壤土和沙壤土生长效果最好。相对于其他豆类蔬菜，豇豆根瘤菌较少，固氮能力弱，因此，豇豆要求适当多施基肥，保证前期生长有充足的氮素供应。

每生产 1000 千克豇豆需要吸收氮 12.2 千克（部分氮素由根瘤菌固氮提供）、磷 1.1 千克、钾 7.3 千克，豇豆需钾量较多。在植株生长发育的前期，根瘤尚未充分发育，需供给一定量的氮肥，氮数量不宜过多，以免引起徒长，应氮、磷、钾肥配合施用。豇豆与其他豆类相比更容易出现营养生长过旺而影响开花结荚，因此，结荚前应通过控制肥水控制茎叶的生长，肥水过多会导致徒长，开花结荚部位上移，花序减少。

2. 施肥技术

（1）基肥。播种前结合土壤耕翻施入土壤中，或播种时距种子 15 厘米左右开沟施用。豇豆不耐肥，如果土壤肥沃，基肥可适当少施；如果土壤贫瘠，基肥可适当多施。基肥的用量一般为优质农家有机肥料 2000～3000 千克，尿素 5 千克、磷酸二铵 15 千克和硫酸钾 5 千克混合后施用。

（2）追肥。根据土壤肥力状况和豇豆的长势，一般追肥2～3次。

①当嫩荚开始伸长时，进行第一次追肥，每亩追施尿素5～10千克、硫酸钾5千克。

②采收盛期根据豇豆的长势，再追肥1～2次，每亩追施尿素5～7.5千克。

三、茄果类蔬菜营养与施肥

茄果类蔬菜有番茄、茄子和辣椒等，多为无限生长型，边现蕾、边开花、边结果，生产上要注意调节营养生长与生殖生长的矛盾。花果类蔬菜对钾、钙、镁的需求量比较大，特别是在果实采收期开始，容易产生缺素症状，如番茄、辣椒的果实脐腐病等。茄果类蔬菜的采收期比较长，需要边采收边供给养分，才能满足不断开花结果的需要，否则植株早衰，采收期缩短。

（一）番茄

1. 营养特点

番茄根系发达，分布广而深，吸收能力和再生能力强。要求有良好的土壤条件，充足而平衡的养分供应。施肥不合理易给番茄生长带来不利的影响，如氮素过多容易落花落果、果实畸形，钾素不足易早衰、抗性下降，缺钙易出现脐腐病，影响产量和品质。

番茄的生育期可分为发芽期、幼苗期、开花着果期、结果期。采收期长，需要边采收边供给养分。从幼苗移栽到开花前对养分的需求量较少，尤其磷的吸收更少，钾和钙的吸收量最大，开花后养分的吸收量逐渐增加，到果实形成期则成倍增加。番茄对营养元素吸收的特性主要表现在对钾素的需求量最

大，氮素次之，磷素最小。每生产1000千克的番茄需氮2.1～3.4千克、磷0.3～0.4千克、钾3.1～4.4千克。

2. 施肥技术

（1）基肥。定植前结合耕翻施入到土壤中的肥料，施足基肥是高产的基础，应以有机肥料为主配合施用化肥。每亩应施用腐熟的农家有机肥料4000～5000千克，过磷酸钙40～50千克或磷酸二铵10～15千克，硫酸钾10～15千克。

（2）追肥。移栽后到坐果前，以控为主，不追肥。第一果穗有乒乓球大小时开始追肥，以后根据番茄长势、土壤条件和天气状况每隔10～15天追肥一次。每次追施尿素20～30千克、磷酸二铵5千克、硫酸钾20～30千克。注意每层开花坐果时肥量要降低，每层膨果时肥量要增加。

根据番茄的长势，在结果盛期可进行叶面施肥，防止早衰。一般用0.3%～0.5%的磷酸二氢钾、0.1%～0.2%的尿素或0.1%硼砂溶液喷施叶面。

（二）茄子

1. 营养特点

茄子的根系发达，根深叶茂，垂直根系可达1～1.3米，主要根群分布在33厘米内的土层，根系损伤后再生能力差。生长结果期长，养分的吸收量大。茄子对养分的吸收量，随着生育期的延长而增加，进入结果期养分吸收量迅速增加，从采果初期到结果盛期养分的吸收量可占到全生育期的60%以上。茄子对氮、磷、钾的吸收特点为：吸钾最多，其次是氮，吸磷最少。每生产1000千克的茄子需氮2.6～3.0千克、磷0.3～0.4千克、钾2.6～4.6千克。

2. 施肥技术

（1）基肥。定植前结合耕翻施入到土壤中的肥料，应以有机肥为主，配合施用化肥。每亩施用有机肥4000～5000千克，过磷酸钙25～30千克或磷酸二铵10～15千克，硫酸钾10～15千克。

（2）追肥。①第一次追肥是在“门茄”长到3厘米时，即“瞪眼期”（花受精后子房膨大露出花萼时），果实开始迅速生长时进行。每亩追施纯氮尿素10～12千克或硫酸铵20～25千克。②当“对茄”果实膨大时进行第二次追肥，追肥量同上。③以后根据茄子长势、土壤质地及天气条件，每隔15～20天追肥一次，直到“四母斗”收获完。

（三）辣椒

1. 营养特点

辣椒根系不发达，根系少，主要分布在15～30厘米的土层内，横向分布在25～30厘米。对土壤的适应性比较广，但以中性至微酸性土壤最好。

辣椒在各个不同生育期，对氮、磷、钾等营养物质吸收的数量不同，从出苗到现蕾，约占吸收总量的5%；从现蕾到初花植株生长加快，对养分的吸收量增多，约占吸收总量的11%；从初花至结果是营养生长和生殖生长旺盛时期，也是吸收养分和氮素最多的时期，约占吸收总量的34%；盛花期至成熟期，对磷、钾的需要量最多，约占吸收总量的50%。辣椒对氮素的吸收随着生育进程逐渐增加；对磷的吸收在不同阶段变幅较少；对钾的吸收在生育初期较少，从果实采收开始明显增加，一直持续到结束；对钙的吸收随着生长期逐渐增加，若在果实发育期钙素不足，易出现脐腐病；对镁的吸收高峰在采果盛期。每生产1000千克的辣椒需氮3.5～5.5千克、磷0.3～0.4千克、钾4.6～6.0千克。对氮、磷、钾的吸收特点为钾＞氮＞磷。

2. 施肥技术

（1）基肥。定植前结合耕翻施入到土壤中的肥料，应以有机肥为主配合施用化肥。每亩施用有机肥 5000～6000 千克，尿素 10 千克、过磷酸钙 50 千克或磷酸二铵 20～25 千克，硫酸钾 15 千克。

（2）追肥。①第一次追肥在辣椒膨大初期，以促进果实膨大。每亩追施尿素 30 千克，硫酸钾 20 千克。②盛果期进行第二次追肥，以后根据辣椒的生长情况、土壤条件和天气情况结合浇水追肥 2～3 次。叶面追肥有利于有机物的积累，防止落花、落果，一般增产率在 10%以上。在开花期喷 0.1%～0.2%的硼砂水溶液，可提高坐果率，在整个生长期可多次喷 0.3%～0.4%的磷酸二氢钾溶液。

（四）烟草配方施肥技术

1. 烟草

烟草对钾素的需求量大于氮、磷元素，钾肥能明显提高烟草的品质。烟草施用磷、钾肥适当过量，对品质影响不明显。最难掌握的是氮肥施用。烟草早期氮素不足，不利于烟草早产快发；成熟期吸氮过多，叶片粗糙肥厚，烟碱含量过高。所以应以用氮量为准，确定肥料中氮、磷、钾的比例。试验资料表明，不同地区烟草施用氮、磷、钾化肥适宜比例不同，北方地区，氮:磷:钾比为 1:1:1，南方地区为 1:0.75:1.5。如果每亩产干烟草 15 千克，一般需氮肥 6～9 千克，北方地区氮、磷、钾的平均施肥量均为 7 千克，南方地区为 8 千克、6 千克、12 千克。

（1）氮。氮是植物的主要营养元素，它的多少对烟草产量和品质的影响最大。不管种植烟草的土壤类型如何、含氮量多少，要得到适当产量和优良品质的烟叶，都必须施用氮肥。氮素是细胞内各种氨基酸、酰胺、蛋白质、生物碱等化合物的组成成分。蛋白质是生命的基础，是细胞质、叶绿体、酶等的重要构成物质，是对烟草产量、品质影响最大的营养元素。

严重缺氮时，植株生长缓慢、瘦弱矮小，下部叶片黄化并逐渐向中上部叶扩展，烟叶变薄，早花、早衰，严重影响烟叶产品的质量。铵态氮过量时，基部和中部叶片除叶脉保持绿色外，其余组织失绿黄化，进而枯焦凋落，叶片向背面翻卷。

（2）磷。磷是重要的生命元素，在生物体的繁育和生长中起着不可代替的作用。它是烟草必需的营养元素，在烟草体内它是许多有机化合物的组成成分，并以各种方式参与生物遗传信息和能量传递，对促进烟草的生长发育和新陈代谢十分重要。烟草的产量和品质均同磷素营养状况密切相关。磷素不足时，碳水化合物的合成、分解、运转受阻，蛋白质、叶绿素的分解亦不协调，因而叶色呈深绿色或暗绿色。磷在植株体内易于移动，磷素不足时，衰老组织中的磷素向新生组织中转移，使下部叶片首先出现缺磷症状、叶面发生褐色斑点，而上部叶仍能正常生长。生长前期缺磷，植株生长不良，抗病力与抗逆力明显降低；生长后期缺磷，成熟迟缓。

烟株苗期缺磷，叶片小，色泽暗绿色，接着在烟株中上部叶片出现与气候斑相似的小斑点。缺磷时整株叶色深绿，茎节缩短，上部烟叶呈簇生状，叶片短而窄。大田缺磷的植侏，在烈日下中上部烟叶易发生凋萎。若烟草继续缺磷，老叶开始出现枯死的叶斑，叶斑内部色浅，周围深棕色呈环状，有的斑连成块，叶片枯焦。

（3）钾。钾是烟草吸收量最多的营养元素。它不是植株的结构成分，通常被吸附在原生质的表面，对参与碳水化合物代谢的多种酶起激活作用，与碳水化合物的合成和转化密切相关；钾能提高蛋白质分解酶类的活性，从而影响氮素的代谢过

程；钾离子能提高细胞的渗透压，从而增加植物的抗旱性和耐寒性；钾也能促进机械组织的形成而提高植株的抗病力，还可以提高烟叶的燃烧性，提高烟草的吸食品质，故烟草含钾量亦被视为烟草品质的重要指标之一。

由于钾在烟草体内呈离子态存在，容易移动，当供钾不足时，衰老组织内的钾向新生组织移动。当叶片含钾量低到一定程度、氮和钾比例失调时，就会出现缺钾症状。首先在叶尖部出现黄色晕斑，随缺钾症加重，黄斑扩大，斑中出现坏死的褐色小斑，并由尖部向中部扩展，叶尖叶缘出现向下卷曲现象，严重者坏死枯斑连片，叶尖、叶缘破碎。烟草早期缺钾，在幼小植株上，症状先出现在下部叶片上，叶尖发黄，叶前缘及叶脉间产生轻微的黄色斑纹、斑点，随后沿着叶尖叶缘呈“V”形向内扩展，叶缘向下卷曲，并逐渐向上部叶扩展。田间缺钾症状，大多在进入旺盛生长的中后期，在上部叶片首先出现，除严重缺钾外，下部叶片一般不出现缺钾症。在生长迅速的植株上，症状比氮素过多时更为严重。过多的钾不会造成明显可见的症状。

（4）镁。镁的最主要功能是作为叶绿素的中心原子，位于叶绿素分子结构卟啉环的中间，是叶绿素中唯一的金属原子。镁是酶的强激活剂，在烟草中参与光合作用、糖酵解、三羧酸循环、呼吸作用、硫酸盐还原等过程的酶，都要依靠镁来激活。镁在有些酶中的激活作用是专性的，例如，磷酸激活酶、磷酸转移酶等；而对有的酶则是非专性的，例如，烯酸酶、三羧酸循环中的脱氢酶等。缺镁时叶绿素的合成受阻，分解加速；同时叶绿素内类胡萝卜素的含量降低，因而使光合作用强度降低。镁在烟草植株体内容易移动，缺镁时生理衰老部位中的镁向新生部位移动。所以，烟株缺镁时，下部叶片失绿发黄，叶边缘及叶尖开始发黄并向上扩展；严重时，除叶脉仍然保持绿色、黄绿色外，叶片将全部变白，叶尖出现褐色坏死。

烟草缺镁主要发生在大量降水期间的沙质土壤上，在任何一个生长阶段都会出现缺镁现象。一般正常叶片含镁量为其干重的 0.4%～1.5%，当低于 0.2%就会出现缺镁症状；在 0.2%～0.4%时，会出现轻度缺镁症。当叶片内钙、镁比值大于 8 时，即使含镁量在正常范围，亦会出现缺镁症状。吸镁过多，有延迟成熟的趋向。

（5）钙。烟草中钙的含量很高，正常情况下烟草灰分中钙的含量仅次于钾。但由于受土壤条件的影响，许多烟区烟叶中钙的含量都超过了钾。吸收的钙一部分参与构成细胞壁，其余的以草酸钙及磷酸钙等形态分布在细胞液中。钙与硝态氮的吸收及同化还原、碳水化合物的分解合成有关。钙是烟株体内不能再利用的营养元素，缺钙时淀粉、蔗糖、还原糖等在叶片中大量积累，叶片变得特别肥厚，根和顶端不能伸长，植株发育不良。症状首先出现在上部嫩叶、幼芽上，叶尖叶缘向叶背卷曲，叶片变厚似唇形花瓣状，叶色呈深绿色；症状严重时顶端和叶缘开始折断死亡，如继续发展，由于尖端和叶缘脱落，叶片呈扇贝状，叶缘不规则。

2. 烟草的施肥技术

（1）施肥原则。目前，氮、磷、钾三要素仍是烟草施肥中最主要的问题。其中氮是第一位的。烟草氮肥的供应原则为：生育前期要充足，旺长期要足而不过，成熟期要低而不缺。施肥中应注意以下几个方面：第一，对烟草产量、质量关系最密切的氮肥用量和不同形态氮素比例问题；第二，在施氮量确定后，氮、磷、钾的配比问题；第三，有机肥的合理施用以及中量、微量元素肥料的配合施用问题。总的原则是有机与无机相结合，硝态氮与铵态氮相结合，基肥与追肥相结合，地下与地上相结合，大量元素和中量、微量元素相结合，以达到营养的

协调与均衡。

(2) 施肥量的确定。在目前烟草的生产水平下，确定适宜施肥量应以保证获得最佳品质和适宜产量为标准，根据确定的适宜产量指标所吸收的养分数量，再依据烟田肥力的情况等来设计施肥方案。烟草适宜施肥量，最重要的是以氮肥量来确定。正确地确定氮素用量，要根据栽培品种、土壤肥力状况、肥料种类和土壤与肥料中氮素的利用率来确定。目前确定施氮量的方法大多数用测土施肥法和经验施肥法。

①测土施肥。测土施肥就是测定土壤的有效氮数量，来得出烟草从土壤中吸收的氮量。这个量与预定产量时吸氮总量的差数，就是烟草应从肥料吸收的氮量，再除以所施氮肥的吸收利用率，就得到了应施用的氮肥数量。土壤有效氮素与肥料中氮素的利用率，因不同肥力与质地的土壤、不同栽培品种、年度间降水量与降水分布不同，而有较大的变化。目前，最好的方法是用同位素氮（$^{1}5N$）标记法，可准确地求得土壤中有效氮与肥料中氮素的利用率。近年研究认为，0～60 厘米土层含有效氮的含量与烟草产量有较高的相关性。

②经验施氮量。选择产区内当地植烟代表性土地，将土壤性状相同的土地，按肥力划分为高低几个等级，每个等级的烟田，以获得产量品质双优田块的施氮量为准，参照该地前茬产量、施肥情况、当年降水状况，提出下年度各肥力等级土地，各种情况下的适宜施氮量标准。这种方法是建立在取得当地情况下烟叶优质适产实际结果田块的基础上，所以有较强的实用性与可靠性。

(3) 施氮量确定。生产中，由于气候条件、土壤肥力、土壤理化性状等千差万别，氮素用量很难有一个确切的数值，应根据实际情况综合考虑。近些年来，广泛开展了测土施肥，为确定适宜的施肥量提供了科学依据，但仍不能达到理想的效果。通常，施氮量按下列公式推算。

预定适宜产量的无肥区烟草的氮素用量＝烟草氮素总吸收量－杂草吸收氮量

施用肥料的种类不同，氮素利用率不同，对烟株生长发育影响也不同。酰胺态氮容易导致烟叶对氮的过量吸收，造成贪青晚熟；硝态氮肥效快、持续时间短，既能促进前期烟株旺盛生长，又有利于后期烟株落黄、成熟；有机氮肥的肥效慢且长，氮素的释放时间及其吸收量不易预测和控制。

（4）施磷量确定。烟草对磷肥的吸收量远小于氮、钾，仅为吸氮量的1/4～1/2，但由于磷肥的吸收利用率低，如过磷酸钙的利用率只有10％～20％，所以生产上施用氮、磷比例一般为1：（1～1.5）。

（5）施钾量确定。烟草对钾的吸收是氮、磷、钾三要素中最多的，是氮的1.5～2倍。充足的钾对提高烟叶品质有良好的作用。根据理论数据，结合各地的实际情况，钾肥的施用量一般控制在施氮量的1.5～3倍。

（6）有机肥确定。有机肥被称为完全营养肥料，含有大量的有机质和多种矿质元素，具有肥效平稳、供肥能力持久的特点，对平衡营养、改善土壤理化性状等都有积极作用。适用于烟草的有机肥种类很多，主要有各种农家肥（厩肥、堆肥等）、绿肥（苜蓿、紫云英、苕子等）和各种饼肥（豆饼、花生饼、菜籽饼、芝麻饼等）。烟草常用的有机肥料有：堆肥、厩肥、圈肥、绿肥、人尿粪、畜尿粪、各类油脂的糟粕、腐殖肥以及土杂肥等。有机肥由于构成肥料的材料不同，即使同名的肥料，其有效养分的含量也千差万别。有机肥料中含有比土壤高得多的分解、半分解与未分解的有机物质，含有多种烟草必需的大量与微量营养元素，是一种完全肥料，易被根系吸收。另外，各类油脂粕在被微生物分解过程中，还产生一些类生长

素、抗生素等具有生理活性的物质，对于促进和保持根系的各种生理活性有良好的作用。有机肥料含有胶体类物质，多孔疏松，在改善和保持土壤良好物理性状方面有明显作用。由于有机肥料既含有一定数量的速效养分，又含有相当数量在土壤中逐步分解才释放出来的养分，具有较高的持续供肥能力。但施用过量时，容易造成供肥后劲过长、过大，使烟叶成熟期供氮水平过高，影响落黄成熟，尤其是土壤有机质含量高，土壤速效氮素释放迟的黏质土壤，要特别注意有机肥料施用不要过量。

在有机肥施用时，对掺混人、畜粪尿的有机肥，不能施用过量，以免造成烟株吸氯过量而影响品质。烟草施用的有机肥，除了强调要充分腐熟外，在土壤和地下水含氯量高的烟田，尽量避免掺入过多的含氯粪尿。有机肥主要是当作基肥施用，在春季耕翻和起垄时将全部有机肥一次性施完，也有少数地区做追肥施用。我国多数地区的烟田，分布在有机质含量低、土壤物理化学性状不良的贫瘠土地上，施用有机肥料，对于提高和稳定烟草产量和品质具有重要作用。

施用有机肥应注意的问题。有机氮的比例以占总施氮量的25％左右较为适宜。施用有机肥时，一是应尽量不用含氯量高的人、畜粪尿，避免烟株吸氯过多，造成烟叶黑灰熄火，品质低劣。而堆肥经过发酵和降水淋溶，使含氯量降至适宜值后方可适量施用。二是经过完全腐熟后的有机肥在施用前，最好晒干压碎后施用，以利于有机肥料的营养释放，避免挥发性有毒物质对烟株的危害。三是对土壤有机质含量高、速效氮释放高的黏质土壤，不要过量施用有机肥，以免烟株后期吸氮过高。四是有机肥与无机肥混合施用（禁止使用不能混合使用的种类），使肥料间养分互补，对提高烟叶品质有利，有条件的地方种植绿肥压青是很好的培肥措施。

有机肥的施用方法。有机肥在施用时可全部用作基肥，或将1/2～2/3有机肥与全部磷、钾肥以及部分氮肥混合后用作基肥，其余的部分与化肥一起作为追肥施用。

用作基肥的有机肥一般移栽前开沟条施，或结合起垄条施。另一种为穴施，即将肥料在烟株移栽前直接施于穴内，大多数烟农习惯用饼肥穴施。可将条施和穴施结合，先将一部分肥料在开沟或起垄时条施，然后将剩余的肥料移栽时穴施；也可将全部有机肥采用全层施肥方法，均匀地撒施于田面，然后浅耕整地移栽。

3. 有机肥施用

根外追肥具有对养分吸收速率高，烟株吸收得快、吸收利用率也高，叶面吸收的养分能迅速运转至烟株其他部位等特点。

目前叶面营养剂种类很多，施用时要根据烟田中烟株的生长情况，表现出缺乏哪些养分，选用含有相应养分的叶面营养剂。可以直接喷洒所缺元素的水溶液，但注意喷洒的剂量，以免过量施用造成毒害。

叶面营养剂的施用方法，主要采用喷雾法，雾点越细，效果越好。喷洒时，营养剂溶液的总浓度以不超过1%为安全，空气干燥时，还应降低浓度以防烧伤叶片。喷洒的时间，以下午近傍晚时为佳。喷洒时将喷头向上，喷洒在叶背面，效果更好。叶面营养剂可以和普通的杀虫剂农药混合施用，以节省人工。

四、叶菜类蔬菜营养与施肥

叶菜类蔬菜包括大白菜、结球甘蓝、芹菜、菠菜、莴苣等，在养分的吸收上有其共同特点：一是对氮、磷、钾养分的需要以氮和钾为主，比例约为1:1；二是多数根系比较浅，属

浅根型作物，抗旱和抗涝的能力都比较低；三是多数叶菜类养分吸收速度的高峰是在生育的前期，因此，叶菜类蔬菜前期营养供应非常重要，对产量和品质都有重要的影响。

（一）大白菜

1. 营养特点

大白菜又称结球白菜，根系发达，由胚根形成肥大的肉质直根，着生大量的侧根，由2～4级侧根形成发达的网状根系，这些根系99%分布于地表以下30厘米深的土层。因此，要求土层深厚、质地疏松、供肥能力高的土壤。适宜生长的pH为6.0～6.8。

大白菜生长期长、产量高，对养分的要求也高。每亩地产量可达1万多千克，形成如此高的产量需要充足的营养物质保障。据陈佐忠等人测定，大白菜可食部分含氮3.4%、磷0.4%、钾3.09%、钙1.08%、硫0.36%、铁0.012%和硅0.001%，可见大白菜体内含氮、磷、钾比较高。大白菜氮、磷、钾的含量在不同部位也不同，在叶片中含量最多，约占90%；茎盘中含量占6%左右，根占3%左右。不同叶位养分含量差异也很大，含氮量是外叶含量低于心叶含量，磷、钾、钙、镁含量是随着叶位的增加而降低（表6-6）。

表6-6　大白菜不同叶位养分含量（以干重计）　（%）

叶位	氮	磷	钾	钙	镁
1～10	3.31	0.96	6.87	5.40	0.23
11～20	3.64	1.01	6.46	2.54	0.21
21～30	4.41	0.94	5.37	2.12	0.21
31～40	4.89	0.92	5.06	1.52	0.20
41～50	4.83	0.88	4.62	1.32	0.10
51～60	4.90	0.79	5.66	2.00	0.19
芽	5.15	0.86	4.31	1.04	0.19

大白菜是需肥较高的蔬菜。据资料报道，平均单株一生需要吸收氮6.46～8.65克、磷1.21～1.61克、钾9.18～13.94克。每生产1000千克的大白菜需氮1.8～2.6千克、磷0.4～0.5千克、钾2.7～3.1千克，其比例约4.6∶1∶7.6，钾的需要量明显高于氮和磷。大白菜为喜钙蔬菜，环境条件不良、管理不善时会导致生理缺钙，出现干烧心病，对大白菜的品质影响很大。因此，除了保证氮、磷、钾营养元素的供应外，还要保证钙的供应。

大白菜生长发育过程分为营养生长和生殖生长两个阶段。营养生长阶段包括发芽期、幼苗期、莲座期、结球期。生殖生长阶段包括返青期、抽薹期、开花期和结实期。大白菜总的需肥特点是：苗期吸收养分较少，吸收量不足1%；莲座期吸收养分明显增多，其吸收量占30%；结球期吸收养分最多，约占总量的70%。各时期吸收养分的比例也不同，苗期氮、磷、钾的比例为5.7∶1∶12.7，莲座期为1.9∶1∶5.9，包心期为2.3∶1∶4.1。

2. 施肥技术

（1）基肥。播种前需要大量有机肥做基肥，可结合土壤深耕翻施入土壤中。一般每亩施用腐熟有机肥3000～4000千克，撒施耕翻或开沟施用。土壤肥力高的地块可适量少施，土壤肥力低的新菜地应重施有机肥，并适量施用化肥做基肥。

（2）追肥。大白菜生长发育过程中一般追肥3次，需肥最多的时期是莲座期和包心结球初、中期，在此两个时期对养分的吸收速率最快，容易造成土壤养分亏缺，并表现出营养不足，因此在这两个时期要特别注意养分的供应。

①苗肥从播种到30天内为苗期，生物量仅占生物总产量的3.1%～5.4%。主根已深达10厘米左右，并发生一级侧根，根系的吸收能力逐渐增强，可施入少量的提苗肥，促进幼

苗生长。以速效氮肥为主，如尿素或硝酸铵 5 千克左右。

②莲座期追肥进入莲座期，自播种 31～50 天的 19 天内，生物量猛增，占生物总产量的 29.2%～39.5%。在距苗15～20 厘米处开沟或穴施氮、磷、钾复合肥 20～25 千克。

③结球期（包心期）追肥结球初、中期，自播种 50～69 天的 19 天内，生物量有更多的增长，占生物总产量的 44.4%～56.5%。这一时期的增重量是决定总产量高低及白菜品质的关键时期，需增加追肥量，应以氮肥为主，并配合施用磷钾肥。如每亩追施尿素或硝酸铵 20～25 千克，硫酸钾 20 千克或氯化钾 15 千克或相当数量的草木灰。

在土壤肥力差的土壤上，还可在莲座期至结球期进行叶面追肥，喷施 0.5%～1%的尿素和磷酸二氢钾，以提高大白菜的产量和品质。

结球后期自收获，自播种 69～88 天的 19 天内，生物量增长速度明显下降，相应吸收养分量也减少，占总生物量的 10%～15%，一般不需再施肥。

（3）大白菜缺钙的矫治。大白菜缺钙多见于结球期，症状是内叶叶缘出现枯萎呈干烧心状，影响大白菜的产量、品质和食用价值。许多研究资料表明，大白菜缺钙并非完全因为土壤缺钙，氮肥用量过多和土壤干旱也会加重缺钙的发生。可通过叶面施肥补充，如用 0.3%～0.5%硝酸钙或氯化钙溶液喷施，每隔 7 天一次，连喷 2～3 次即可见效。在喷施的溶液中加入生长素可以改善钙的吸收，如在 0.5%的氯化钙溶液中加萘乙酸 50 毫克/升，在结球初期喷洒能提高喷施效果。

（4）硼肥的施用及效果。大白菜是需硼较多的蔬菜，其外叶适宜的含硼量为 20～50 毫克/千克（干重），若含硼量小于 15 毫克/千克（干重），容易产生缺硼。大白菜缺硼的症状为生长点萎缩，叶片发硬而皱缩，叶柄常有木栓化褐色斑块，叶柄出现横裂，不能正常结球或结球不紧实。对于缺硼的土壤施用硼肥，一般土壤有效硼小于0.5毫克/千克，每亩施用硼砂1千克做基肥，在莲座期或结球期喷施0.1%～0.2%的硼砂溶液，每隔7天喷一次，连喷2次。

（二）结球甘蓝

1. 营养特点

结球甘蓝是一种叶片肥大的结球性蔬菜，为浅根系，主根不发达，须根系发达，主要分布范围为在深30厘米、横向直径80厘米的土层中。结球甘蓝对土壤的适应性较强，从沙土到黏壤土均能生长。适宜的土壤酸碱性为中性到微酸性（pH为5.5～6.5），土壤过酸容易影响甘蓝对镁、磷、钼等营养元素的吸收。由于结球甘蓝原产地中海一带，因此具有一定的耐盐性，土壤含盐量达1.2%的盐渍土中仍能生长。

结球甘蓝是一种产量高、养分消耗量大的蔬菜，形成1000千克商品产量需要吸收氮4.1～6.5千克、磷0.5～0.8千克、钾4.1～5.7千克，氮、磷、钾比例约为8∶1∶7.5，结球甘蓝是需氮和钾较多的蔬菜。

结球甘蓝从播种到开始结球，生长量逐渐增大，对养分的吸收量也逐渐增加，氮、磷的吸收量为总吸收量的15%～20%，钾的吸收量为6%～10%。开始结球后，养分的吸收量迅速增加，氮、磷的吸收量占总吸收量的80%～85%，钾的吸收量占总吸收量的90%。因此需要根据结球甘蓝不同生育时期的营养特点进行合理施肥。

2. 施肥技术

（1）基肥。以有机肥料为主，配合施用适量的磷肥，一般在定植前结合整地每亩施用腐熟农家肥料4000～5000千克，可将磷肥40～50千克与其混合后堆积一段时间施用。

（2）追肥。春甘蓝定植时，可根据地力情况对水浇施适量的速效氮肥，如每亩施用尿素 7～10 千克，可加快缓苗，提高抗寒能力。

结球甘蓝蹲苗后可追施氮肥和钾肥，如每亩追施尿素 10～15千克，硫酸钾 20～25 千克。进入结球期后需肥量迅速增加，一般追肥次数依品种不同有所差异，早熟品种追肥 1～2 次，中、晚熟品种追肥 2～3 次。每次每亩追施氮肥 15～20千克。追施化肥后应及时浇水，以提高甘蓝对养分的吸收量，充分发挥肥料的作用。

（3）结球甘蓝缺钙的矫治。结球甘蓝很容易缺钙，其主要症状是内叶叶缘及心叶一起由褐色变干枯，呈干烧心（心腐病），产品品质低劣，可食率下降，严重影响产量。甘蓝外叶适宜的含钙量为 1.5％～3.0％（干重），小于 1.5％就会表现缺钙。钙肥施入土壤的效果甚微或无效，常用 0.3％～0.5％的氯化钙叶面喷施，每隔 7 天左右喷施 1 次，连喷 2～3 次。

（三）芹菜

1. 营养特点

芹菜为浅根性蔬菜，根系主要分布在 7～10 厘米的土层中，根系吸收养分的能力较弱。芹菜的营养生长期包括发芽期、幼苗期、叶片生长期，不同生育期对养分有不同的需求，发芽期、幼苗期对养分的需求较少，定植缓苗后，叶片生长旺盛，对养分的需求逐渐增加。

不同养分种类对芹菜的生育影响不同，氮肥主要影响地上部的生长，即叶柄的长度和叶数的多少，缺氮的芹菜植株矮小，容易老化空心。磷肥过多时叶柄细长，纤维增多。充足的钾肥有利于叶柄的膨大，提高产量和品质。形成 1000 千克商品产量需要吸收氮 1.8～2.0 千克、磷 0.3～0.4 千克、钾

3.2～3.3 千克。

2. 施肥技术

（1）基肥。定植前结合整地每亩施入 3000～4000 千克腐熟的农家有机肥料，磷酸二铵 10～15 千克，硫酸钾 15～20 千克，对于缺硼的土壤可施硼砂 1～2 千克。

（2）追肥。一般在定植后缓苗期间不追肥，缓苗后可施催苗肥，每亩 5 千克尿素结合浇水施用。当新叶大部分展出直到收获前植株进入旺盛生长期，要多次追肥。当植株达 8～9 片真叶时，按每亩 10～15 千克尿素进行第一次追肥。以后根据土壤肥力和土壤质地状况，每隔 15～20 天追肥一次，肥料的种类、用量同第一次追肥，共追肥 3～4 次。

在芹菜旺盛生长期，可用 0.5％的尿素溶液和 0.2％～0.5％的硼砂溶液进行叶面喷施，能明显提高产量和改善品质。

五、根菜类蔬菜营养与施肥

根菜类蔬菜以肉质根为食用产品，它们对土壤条件的要求和营养特点与其他类蔬菜有一定的差别。这类蔬菜为深根性植物，根系发达，要求土层深厚、排水良好、疏松肥沃的土壤，最好是壤土或沙壤土。土壤板结、耕层浅薄的土壤，不利于块根的膨大，影响产量和品质。根菜类蔬菜对土壤磷的吸收能力强，对土壤缺硼较为敏感，是需硼较多的蔬菜。

（一）萝卜

1. 营养特点

萝卜属深根性蔬菜，根系发达，小型萝卜根深 60～150 厘米，大型萝卜根深可达 178 厘米。萝卜适宜生长的 pH 为 5.8～6.8，具有一定的耐酸能力。萝卜的营养生长期可分发芽期、幼苗期、莲座期和肉质根生长期。不同生育期吸收氮、

磷、钾养分的数量差别很大，幼苗期因生长量小、养分吸收少，氮、磷、钾的吸收比例以氮最多，然后是钾与磷；进入莲座期吸收量明显增加，钾吸收最多，其次是氮、磷；随着肉质根迅速膨大，养分吸收急剧增加，氮、磷、钾的吸收量占80%以上，因此，保证该时期营养充足是萝卜丰产的关键。形成1000千克商品产量需要吸收氮2.1～3.1千克、磷0.3～0.8千克、钾3.2～4.6千克。

2. 施肥技术

（1）基肥。播种前结合耕翻施入到土壤中的肥料。每亩可施用2500～3000千克腐熟的农家有机肥料，过磷酸钙25～30千克或磷酸二铵10千克、硫酸钾10千克。

（2）追肥。第一次追肥在幼苗期进行，当苗有两片真叶展开时，追施少量的化肥，每亩12千克尿素。第二次追肥在第二次间苗后，第三次追肥在“破肚”时进行，每亩追施尿素12千克、过磷酸钙和硫酸钾各10千克。中小型萝卜在追两次肥后基本满足以后生长需要，除了在肉质根膨大期适当追肥外，不必再过多追肥。大型萝卜在露肩时需追施氮肥，每亩追施尿素10千克，在肉质根膨大期还要追施钾肥一次。

（二）胡萝卜

1. 营养特点

胡萝卜属深根性蔬菜，根系发达，播种后45天主根可深达70厘米，90天根系深达180厘米。胡萝卜的营养生长期分为发芽期、幼苗期、莲座期和肉质根生长4个时期。胡萝卜生育初期迟缓，在播种后两个月内，各要素吸收量比较少。随着根部的膨大，吸收量显著增加，吸收量以钾最多，其次是氮、钙、磷和镁。胡萝卜对氮的要求以前期为主，在播种后30～50天，应适量追施氮肥，如果此时缺氮，肉质根膨大不良，直径明显减小。形成1000千克商品产量需要吸收氮2.4～4.3千克、磷0.3～0.7千克、钾4.7～9.7千克。

2. 施肥技术

（1）基肥。播种前结合整地每亩施入2000～2500千克腐熟的农家有机肥料，过磷酸钙15～20千克或磷酸二铵5～10千克，硫酸钾10～15千克。

（2）追肥。第一次追肥在出苗后20～25天，长出3～4片真叶后，每亩施硫酸铵5～6千克，硫酸钾肥3～4千克。第二次追肥在胡萝卜定苗后进行，每亩可用硫酸铵7～8千克，硫酸钾4～5千克。第三次追肥在根系膨大盛期，用肥量同第二次追肥。生长后期应避免肥水过多，否则容易裂根，也不利于储藏。

（三）马铃薯

1. 马铃薯的需肥量和需肥规律

马铃薯在生长期中形成大量的茎叶和块茎，产量较高，需肥量也较大。在氮、磷、钾三要素中，以钾的需要量最多，氮次之，磷最少。每生产100千克块茎需吸收氮0.5千克、磷0.20千克、钾1.06千克，氮、磷、钾比例为1∶0.4∶2.1。马铃薯需肥规律是：在幼苗期以氮、钾吸收较多，分别达到总吸收量的20％以上；磷较少，占吸收量的15％。现蕾和开花期间吸钾量最多，高达70％左右；氮、磷各达50％以上。生育后期，则以氮、磷吸收量较多，分别约为30％和20％，钾较少，占5％左右。马铃薯吸肥的总趋势是：以前期和中期较多，占总吸收量的70％以上。

2. 马铃薯施肥方法

马铃薯的底肥以有机肥为主，搭配适量的化学肥料，每亩施腐熟的堆肥或厩肥1500～2500千克、磷肥15～25千克、草

木灰 100～150 千克，如果改用钾肥代替草木灰，可用 150 千克硫酸钾，不能用氯化钾。底肥可采用沟施或穴施，施于 10 厘米以下土层内。播种时，每亩用氮素化肥 5～7.5 千克做种肥，可使出苗迅速整齐而健壮。齐苗前追施芽肥和苗肥，每亩 1000 千克腐熟的人畜粪尿加适量的氮肥。现蕾开花时期，地上部茎叶生长迅速，地下部块茎大量形成和膨大，需要很多养分，应重施一次追肥，以钾肥为主配施氮肥，每亩需要 10 千克的硫酸钾加 15 千克的碳酸氢铵，施后盖土。开花以后植株封行，不宜再追肥。

（四）甘薯

1. 甘薯的需肥量及各生育期的需肥规律

甘薯的生长过程分为 4 个阶段：一是发根缓苗阶段。指薯苗栽插后，入土各节发根成活，地上苗开始长出新叶。二是分枝结薯阶段。这个阶段根系继续发展，腋芽和主蔓延长，叶数明显增多，小薯块开始形成。三是茎叶旺长阶段。指茎叶从覆盖地面开始至生长最高峰。这一时期茎叶迅速生长，生长量约占整个生长期总量的 60%。地下薯块明显增重，也称为蔓薯同长阶段。四是茎叶衰退、薯块迅速肥大阶段。指茎叶生长由盛转衰直至收获期，以薯块肥大为中心。甘薯因根系深而广，茎蔓能着地生根，吸肥能力很强。

在贫瘠的土壤上也能收到一定产量，这经常使人误认为甘薯不需要施肥。但实践证明，甘薯是需肥性很强的作物。甘薯对肥料三要素的吸收量，以钾为最多，氮次之，磷最少。一般每生产 1000 千克甘薯，需从土壤中吸收氮 3.93 千克、磷 1.07 千克、钾 6.2 千克，氮、磷、钾比例为1:0.27:1.58。

氮、磷、钾比例多在 1：（0.3～0.4）：（1.5～1.7）。但不同甘薯生长类型和产量间有差异，其中高产田块钾、磷肥施用量有增多趋势，需氮量有减少的趋势。

甘薯苗期吸收养分较少，从分枝结薯期至茎叶旺盛生长期，吸收养分速度加快，吸收数量增多，接近后期逐渐减少。到薯块迅速膨大期，氮、磷的吸收量下降，而钾的吸收量保持较高水平。氮素的吸收一般以前期和中期为多，当茎叶进入盛长阶段时，氮的吸收达到最高峰，生长后期吸收氮素较少。磷素在茎叶生长阶段吸收较少，进入薯块膨大阶段略有增多。钾在整个生长期都比氮和磷多，尤以后期薯块膨大阶段更为明显。因此，应施足基肥，适期早追肥和增施磷钾肥。

2. 甘薯施肥方法

甘薯施肥要有机肥、无机肥配合，氮、磷、钾配合，并测土施肥。氮肥应集中在前期施用，磷、钾肥宜与有机肥料混合沤制后做基肥施用，同时按生育特点和要求做追肥施用。其基肥与追肥的比例因地区气候和栽培条件而异。甘薯施肥方法如下：

（1）苗床施肥。甘薯苗床床土常用疏松、无病的肥沃砂壤土。育苗时一般每亩苗床地施过磷酸钙 22.5 千克、优质堆肥 700～1000 千克、碳酸氢铵 15～20 千克，混合均匀后施于窝底，再施2500～3000 升水肥浸泡窝子，干后即可播种。苗床追肥根据苗的具体情况而定。火炕和温床育苗，排种较密，采苗较多。在基肥不足的情况下，采 1～2 次苗就可能缺肥，所以采苗后要适当追肥。露地育苗床和采苗圃也要分次追肥。追肥一般以人粪尿、鸡粪、饼肥或氮肥为主，撒施或对水浇施。一般每平方米苗床施硫酸铵 100 克。要注意：剪苗前3～4 天停止追肥，剪苗后的当天不宜浇水施肥，等 1～2 天伤口愈合后再施肥浇水，以免引起种薯腐烂。

（2）大田施肥。

①基肥。基肥应施足，以满足甘薯生长期长、需肥量大的

特点。基肥以有机肥为主，无机肥为辅。有机肥要充分腐熟。因甘薯栽插后，很快就会发根出苗和分枝结薯，需要吸收较多的养分。如事先未腐熟好，会由于有效养分不足，致使前期生长缓慢。故有“地瓜喜上隔年粪”和“地瓜长陈粪”的农谚，说的就是甘薯基肥要提前堆积腐熟或在前茬施肥均有一定的增产基肥用量一般占总施肥量的60%～80%。具体施肥量，亩产4000千克以上的地块，一般施基肥5000～7500千克；亩产2500～4000千克的地块，一般施基肥3000～4000千克。同时，可配合施入过磷酸钙5～25千克、草木灰100～150千克、碳铵7～10千克等。

施肥采用集中深施、粗细肥分层结合的方法。基肥的一半以上在深耕时施入底层，其余基肥可在起垄时集中施在垄底或在栽插时进行穴施。这种方法在肥料不足的情况下，更能发挥肥料的作用。基肥中的速效氮、速效钾肥料，应集中穴施在上层，以便薯苗成活后即能吸收。

②追肥。追肥需因地制宜，根据不同生长期的生长情况和需要确定追肥时期、种类、数量和方法，做到合理追肥。追肥的原则是“前轻、中重、后补”。具体方法有以下几种。

一是提苗肥。这是保证全苗，促进早发加速薯苗生长的一次有效施肥技术。提苗肥能够补充基肥不足和基肥作用缓慢的缺点，一般追施速效肥。追肥在栽后3～5天内结合查苗补苗进行，在苗侧下方7～10厘米处开小穴，施入一小撮化肥（每亩1.5～3.5千克），施后随即浇水盖土，也可用1%尿素水灌根；普遍追施提苗肥最迟在栽后半个月内团棵期前后进行，每亩轻施氮素化肥1.5～2.5千克，注意小株多施，大株少施，干旱条件下不要追肥。

二是壮株结薯肥。这是分枝结薯阶段及茎叶盛长期以前采用的一种施肥方法。其目的是促进薯块形成和茎叶盛长。所以被称之壮株肥或结薯肥。因分枝结薯期，地下根网形成，薯块开始膨大，吸肥力强，为加大叶面积，提高光合生产效率，需要及早追肥，以达到壮株催薯、快长稳长的目的。追肥时间在栽后30～40天。施肥量因薯地、苗势而异，长势差的多施，每亩追硫酸铵7.5～10千克或尿素3.5～4.5千克，硫酸钾10千克或草木灰100千克；长势较好的，用量可适当减少。如上次提苗或团棵肥施氮量较大，壮株催薯肥就应以磷、钾肥为主，氮肥为辅；不然要氮、钾肥并重，分别攻壮秧和催薯肥。基肥用量多的高产田可以不追肥，或单追钾肥。结薯开始时是调节肥、水、气三个环境因素的关键，施肥时结合灌水，施后及时中耕，用工经济，收效也大。

三是催薯肥，又叫长薯肥。在甘薯生长中期施用，能促使薯块持续膨大增重。一般以钾肥为主，施肥时期一般在栽后90～100天。追施钾肥，一是可使叶片中增加含钾量，能延长叶龄，加粗茎和叶柄，使之保持幼嫩状态；二是能提高光合效率，促进光合产物的运转；三是可使茎叶和薯块中的钾、氮比值增高，能促进薯块膨大。催薯肥如用硫酸钾，每亩施10千克；若用草木灰每亩施100～150千克。草木灰不能和氮、磷肥料混合，要分开施用。施肥时加水，可尽快发挥其肥效。

四是根外追肥。甘薯生长后期，根部的吸收能力减弱，可采用根外追肥，弥补矿质营养吸收的不足。此方法见效快，效果好。即在栽后90～140天，喷施磷钾肥，不但能增产，还能改进薯块质量。具体方法为：用2%～5%的过磷酸钙溶液，或1%磷酸钾溶液，或0.3%磷酸二氢钾溶液，或5%～10%过滤的草木灰溶液，在15：00以后喷施，每亩喷液75～100千克。每隔15天喷1次，共喷2次。

3. 甘薯施肥注意事项

甘薯是忌氯作物，不能施用含有氯元素的肥料；碳酸氢铵

不适宜撒施、面施，可制成混肥颗粒深施。另外，沙土地追肥适宜少量多次，若追肥次数减少，而每次用量可适当增多；水源充足、水分条件良好的条件下，应控制氮肥用量，以免引起茎叶徒长，影响薯块生长，否则将会减产，肥效不高。

六、葱蒜类蔬菜营养与施肥

葱蒜类蔬菜是以幼嫩叶、假茎、鲜茎或花薹为食用产品的一类蔬菜，主要有大葱、洋葱、韭菜、大蒜等。此类蔬菜的适应性比较强，由于栽植密度大，根系入土浅、根群小、吸肥力弱，因此，要求肥水充足。

（一）大葱

1. 营养特点

大葱的根系为白色弦线状须根，粗度均匀，分生侧根少，吸肥力弱，但需肥量大、喜肥耐肥、耐旱不耐涝。对土壤要求不严格，但以土层深厚、排水良好、富含有机质的壤土为好，适宜的土壤 pH 为 7.0～7.4。

大葱需钾最多，氮次之，磷最少，对氮素比较敏感，施用氮肥有明显的增产效果。每生产 1000 千克大葱需要吸收氮 2.7～3.3 千克、磷 0.2～0.5 千克、钾 2.7～3.3 千克。

2. 施肥技术

（1）基肥。定植前要施足基肥，一般每亩施腐熟的有机肥料 4000～5000千克，过磷酸钙 50～70 千克，硫酸钾15～20 千克。采用沟施或撒施的施用方法。

（2）追肥。大葱追肥应侧重葱白生长初期和生长盛期。

①葱白生长初期可根据土壤肥力和大葱的生长情况追肥 1～2 次。炎夏刚过，天气转凉，葱株生长加快，应追施一次攻叶肥。可追施尿素 15～20 千克，撒在垄背上，中耕混匀，

而后浇水。处暑以后，天气晴朗、光照充足、气温适宜，进入管状叶生长盛期，每亩可撒施尿素 10～15 千克，硫酸钾 5 千克，然后破垄培土。

②葱白生长盛期是大葱产量形成的最快时期，需要大量的水分和养分，此时应追施 2～3 次攻棵肥。第一次追施尿素 10～15 千克，硫酸钾 5～10 千克，可撒施于葱行两侧，中耕后培土成垄，浇水。后两次追肥可在行间撒施尿素 8～10 千克，或硫酸铵 15～20 千克，浅中耕后浇水。

（二）大蒜

1. 营养特点

大蒜为二年生草本植物，根系为弦线状须根，属浅根性蔬菜，根系主要分布在 25 厘米以内的表土层内，横向分布 30 厘米。大蒜生育期分为萌芽期、幼苗期、鳞芽及花芽分化期、蒜薹伸长期、鳞芽膨大盛期。对养分的需求量随着植株生长量的增加而增加。随着蒜苗的生长，到鳞芽及花芽分化期植株吸收养分的数量迅速增加，逐渐达到了养分吸收的高峰，是大蒜生长发育的关键时期。蒜薹生长到鳞茎膨大时期，是大蒜营养生长和生殖生长并进、生长量最大的时期，根系生长和吸收能力都达到最大，是需肥量最大和施肥的关键时期。

大蒜对各种养分的需求以氮最多，每生产 1000 千克大蒜需要吸收氮 4.5～5.0 千克、磷 0.5～0.6 千克、钾3.4～3.9 千克。

2. 施肥技术

（1）基肥。基肥的用量为每亩施用 4000～5000 千克腐熟的农家有机肥料，根据土壤肥力状况配合施用过磷酸钙 20～30 千克，或复混肥 30～40 千克。

（2）追肥。追肥以氮肥为主，配合适量的磷钾肥。秋播的

大蒜可根据土壤肥力状况和大蒜的生长情况追肥 2～3 次。

①越冬前或返青期追肥，主要是追催苗肥，前者主要目的是培育壮苗，后者是促进蒜苗返青后快速生长。可追施尿素 10～15 千克，硫酸钾 8～12 千克。

②蒜薹伸长期追肥，可追施尿素 15～20 千克，硫酸钾5～10 千克。

③鳞茎膨大期追肥，视土壤肥力情况和大蒜的长势，确定追肥量，如果肥力不足，大蒜长势不强，应增施一次速效肥，如尿素 10～20 千克。

第三节　主要经济作物测土配方施肥技术

一、棉花配方施肥技术

（一）棉花养分吸收规律

棉花是一种生长周期长的纤维作物，在国民经济中占有重要地位。棉花生育期一般为 145～175 天，根据生育时期的形态指标，可以将棉花的一生分为苗期、蕾期、花铃期和吐絮期 4 个主要时期。其中，现蕾以前为营养生长阶段，现蕾以后至开花以前进入营养生长与生殖生长同时进行阶段，开花以后至吐絮阶段以增蕾、开花和结铃为主。但在盛花期以前营养生长和生殖生长并进，且均明显加快，是两旺时期，至盛花期营养生长达到高峰。盛花期后营养生长则逐渐减弱，生殖生长占绝对优势，棉铃生长成为营养转运中心。棉花一生中生长发育的特点是营养生长与生殖生长同时进行时间长，两者既相互依存又有矛盾，因而营养器官和生殖器官合理均衡的生长与发育是获得高产的关键。

棉花需要养分较多，一般来说，每生产 100 千克皮棉，需要从土壤中吸取纯氮12～15千克、五氧化二磷5～6千克、氧化钾12～15千克。根据已有研究，棉花苗期吸收养分较少，占一生养分吸收量的1%左右。到现蕾时吸收养分占3%左右，现蕾至开花期占27%，开花至成铃后期吸收养分占60%左右。这个时期棉株的茎、枝和叶都长到最大，同时大量开花结铃，积累的干物质最多，对养分的吸收急剧增加。因此，花铃期是施肥的关键时期。进入吐絮期后，吸收的养分占总吸收量的9%左右。不同地区、不同产量水平的棉花每生产100千克皮棉所需氮、磷、钾的数量和比例均有不同，总的趋势是随产量水平提高需要氮、磷量比例减少，需钾量比例增加。产量越高，单位产量的养分吸收量越低，养分的利用效率越高。

（二）棉花施肥技术

1. 棉花肥料总量控制和基肥与追肥的分配原则

合理的施肥首先要确定施肥总量，在确定了氮肥总量的前提下，就要考虑如何将肥料合理地分配为基肥和追肥。根据棉花生长育和营养规律，蕾期、花铃期和铃期是棉花养分需求量最大的时期，80%以上的养分都是在这三个生育阶段吸收的。因此，这三个生育阶段也是施肥调控的最为关键的时期。在棉花施肥中，要因地制宜地掌握施足基肥、施用种肥、轻施苗肥、稳施蕾肥、重施桃（花铃）肥和补施秋（盖顶）肥等环节。

2. 根据土壤肥力水平和目标产量确定施肥量

根据测土配方施肥原理，棉花施肥要考虑土壤养分状况和区域生产状况。表6-7和表6-8是西北棉区的土壤肥力丰缺指标及根据目标产量确定的相应施肥量。表6-9是长江流域棉区根据土壤肥力分级和目标产量确定的肥料推荐量。

表 6-7　西北棉区土壤养分丰缺指标

项　目	肥力等级			
	极低	低	中	高
有机质（克/千克）	<8	8～15	15～18	>18
速效氮（N，毫克/千克）	<16	16～40	40～90	>90
速效磷（P_2O_5，毫克/千克）	<7	7～13	13～30	>30
速效钾（K_2O，毫克/千克）	<90	90～160	160～250	>250

表 6-8　西北棉区根据目标产量确定的施肥量

（千克/亩）

肥力等级	目标产量	推荐施肥量		
		氮（N）	磷（P_2O_5）	钾（K_2O）
低肥力	120	14	9	2
中肥力	150	18	12	3
高肥力	180	22	15	4

表 6-9　长江流域棉区根据土壤肥力分级和目标产量确定化肥推荐量

（千克/亩）

肥力等级	目标产量	推荐施肥量					
		氮（N）		磷（P_2O_5）		钾（K_2O）	
		总量	基施	总量	基施	总量	基施
低肥力	80	16	5	5	3	9	6
中肥力	100	19	8	6	4	12	6
高肥力	120	21	10	7	6	15	8

3. 基肥和追肥施用方法

通常棉花的氮肥需要根据需肥规律分次施入，磷、钾肥全部作为基肥施入为宜，但对长江流域棉区，钾肥以基肥和追肥各半施用效果更好。

从既遵循棉花营养规律，又具备田间可操作性的角度出发，基肥在总施氮量中的比例应当低于追肥所占的比例；追肥应当在蕾期、花铃期进行。花铃期以后，棉田封行，无法机械施肥，如果使用人工施肥也可以考虑追施第三次氮肥。例如，西北棉区基肥与追肥的分配比例以30%～40%作为基肥、60%～70%作为追肥为宜。追肥在浇头水和二水前施用。其中，蕾期追肥量为总追肥量的40%，花铃期追肥量为总追肥量的60%。

磷肥以做基肥全层施用为好，即在播种前或移栽前将磷肥撒在地面，翻耕耙耱，可使磷肥均匀地分布于全耕作层土壤中，这样根系与磷肥接触面大，磷肥利用率高。为了减少土壤对磷肥的固定，磷肥最好与有机肥堆沤或混合后全层施用。

钾肥以做基肥为好，但对于长江流域棉区，基肥和追肥可以各半施用。我国南方土壤普遍缺钾，要重视施用钾肥。北方土壤缺钾较少，但近年来北方一些棉田施钾也有明显效果，也要注意施用钾肥。

对于同一生态区域，一般来说，作物的目标产量基本接近，肥料推荐用量应根据土壤的养分含量进行调整。由于肥料用量的变化，常带来施肥时的基肥及追肥比例发生相应的变化。

4. 微量元素肥料施用

我国很多省份的棉区缺少中量、微量元素，尤其是硼、锌等微量元素。棉田土壤有效硼、锌的临界值如表6-10。

表6-10 棉田土壤有效硼、有效锌含量分级指标

微量元素名称	微量元素等级		
	低	中	高
有效硼（毫克/千克）	＜0.4	0. 4～0. 8	＞0.8
有效锌（毫克/千克）	＜0.7	0. 7～1. 5	＞1.5

中量、微量元素施肥原则应为“因缺补缺”。可以通过经

验、土壤测试或田间缺素试验确定一定区域中量、微量元素土壤缺乏程度，并制订补充元素计划。一般微量元素最高不得超过每亩 2 千克。

硼肥的施用，当土壤有效硼为<0. 4～0. 8 毫克/千克时，每亩用硼砂 0. 4～0. 8 千克作为苗期土壤追施，花铃期以 0.02 千克硼砂喷施较好。如果土壤有效硼含量的提高以硼砂喷施较好的话，那么以蕾期、初花期、花铃期连续喷 0.2%硼砂 3 次为最好，每次每亩用水量为50～80升。

在缺锌土壤中（土壤有效锌<0. 7～1. 5 毫克/千克），每亩用硫酸锌1～2千克。如果已施锌肥做基肥，一般可以不再追施锌肥；如果未施锌肥做基肥，可在苗期至花铃期连续喷 2～3 次0. 2%硫酸锌液进行根外追肥。两次喷施锌肥之间相隔 7～10天。

（三）棉花施肥案例

1. 施足底肥，全层施肥

棉花是深根作物，生长期长，生长量大，对土壤肥力要求高，施足基肥是棉花高产的基础，应每亩施有机肥3～5吨。在棉苗移栽前半个月左右，每亩施碳铵40～50千克（或尿素 15～18千克），磷肥45～60千克，钾肥15～20千克，硼砂 0.5 千克。对缺锌地块，可每亩施硫酸锌1～2千克，配合有机肥撒施。

2. 稳施苗，蕾肥

棉花苗期至现蕾期对养分需要量不大，氮仅占吸氮总量的 4.5%、磷占 3%～3.4%、钾占 3.7%～4%。在施足底肥的情况下，苗期一般不再追肥。现蕾期已进入营养生长和生殖生长的并行阶段，既要搭好丰产的架子，又要防止棉花徒长，本期追肥以稳为妥。

3. 重施花铃肥

棉株开花后，营养生长和生殖生长都进入盛期，并逐渐转入以生殖生长为主的时期，茎、枝、叶面积都长到最大值，同时，又大量开花结铃，干物质积累量最大，持续的时间最长，养分需求量最大，是追肥的关键时期，必需重施。本期追肥以氮为主，适当补磷、补钾。

4. 补施盖顶肥

棉株谢花后，棉铃大量形成，为防止后期脱肥早衰，可叶面喷施 0.5%～1% 的磷酸二氢钾液，7～10 天 1 次，连续 3～4次。

二、油菜配方施肥技术

（一）油菜养分吸收规律

油菜是需氮较多的作物。油菜吸收的氮素随着生育进程而不断向各器官分配，其分配的中心是各生育阶段的新生器官。氮肥对油菜的增产作用受到土壤氮与磷水平的影响，其增产效果随土壤碱解氮含量的增加而降低。油菜缺氮时新叶生长慢、叶片少、叶色淡，逐渐褪绿呈现紫色，茎下叶缘变红，严重的呈现焦枯状，出现淡红色叶脉；植株生长瘦弱，主茎矮、纤细，株型松散，角果数量少，开花较早且开花时间短，终花期提早。

油菜是对磷素营养非常敏感的作物，磷素可以促进油菜根系发育，增强抗寒、抗旱能力，并促进早熟，提高种子含油量。油菜体内的磷素与氮素一样总是向生命最活跃的部分运转分配，具有明显的顶端优势。油菜缺磷时，幼苗表现为子叶变小，颜色深暗，质厚竖起。真叶发生推迟，叶小，呈现较深紫红色，发叶数大量减少。抽薹后茎细枝少，株型瘦小。其中，

发红发僵是田间油菜缺磷的形态特征，但需与寒潮过后出现的发红现象区别。

钾能增强光合作用，增强细胞液浓度，对提高油菜抗寒性有很好的效果；钾还能促进维管束的发育，增加厚角组织的强度，提高抗倒伏的能力。高产油菜对钾的需要量更大。

硼是油菜输导系统和受精作用中必不可少的微量元素。油菜需硼特别多，对缺硼敏感，为容易缺硼的作物之一。缺硼时，油菜表现的典型症状是花而不实，即进入花期后因花粉败育而不能受精结实，导致不断抽发次生分枝，继续不断开花，使花期大大延长。氮肥充足时，次生分枝更多，常形成特殊的帚状株型；叶片多数出现紫红色斑块即所谓“紫血瘢”，结荚零星稀少，有的甚至绝荚，成荚的所含籽粒数少、畸形。

油菜分甘蓝型和白菜型两大类，不同类型对氮、磷、钾的吸收比例不同，一般甘蓝型为1∶0.42∶1.4，白菜型为1∶0.44∶1.1。甘蓝型吸肥量一般比白菜型高30％以上，产量高50％以上，且甘蓝型油菜需钾量明显比白菜型高。下面主要就甘蓝型油菜的需肥规律和施肥技术进行描述。甘蓝型油菜不同生育时期对氮、磷、钾的吸收有较大的差异，播种至苗期分别占总吸收量的13.4％、6.4％和12.3％，苗期至抽薹期分别占总吸收量的34.4％、28％和37.6％，抽薹期至初荚期分别占总吸收量的27.2％、24.8％和28.9％，初荚期至成熟期分别占总吸收量的25％、40.8％和21.2％。

（二）油菜施肥技术

1. 不测土时根据目标产量的氮肥施用量及施用方法

根据目标产量进行氮肥用量推荐是目前确定油菜施肥量常用的方法，是一种结合专家和生产实际的推荐施肥方法。表6-11是根据油菜籽目标产量确定的氮肥推荐量及不同时期相应的施用比例。

表 6-11 根据油菜籽目标产量确定的氮肥推荐用量

（千克/亩）

油菜籽目标产量	氮肥推荐用量	氮肥施用方法
<100	6～9	基肥 1/2，2 次追肥，平均施用
100～150	8～11	基肥 1/2，2 次追肥，平均施用
150～200	10～13	基肥和 2 次追肥，各 1/3
200～250	12～16	基肥 1/3，3 次追肥，平均施用
>250	15～20	基肥和 3 次追肥，各 1/4

2. 根据土壤养分测定值和目标产量的养分管理

由于我国长江流域油菜多种植在水旱轮作的水稻土上，一般没有进行土壤硝态氮测试，但仍可根据对土壤状况的大致了解来估计土壤供氮能力（高、中、低），从而大致确定氮肥用量，高水平为作物氮素吸收的 0.6 倍，中水平为作物氮素吸收的 1 倍，低水平为作物氮素吸收的 1.2 倍。氮肥施用方法为基肥占全生育期氮肥施用总量的 1/2，两次追肥平均施用余下的氮肥。根据油菜籽目标产量和土壤供氮能力的氮肥推荐用量见表 6-12。

表 6-12 根据油菜籽目标产量和土壤供氮能力的氮肥推荐用量

（千克/亩）

油菜籽目标产量	氮肥推荐用量		
	高肥力田块	中肥力田块	低肥力田块
<50	<2.5	<4.5	<5.5
50～100	2.5～4.5	4.5～8.0	5.5～9.0
100～150	4.5～6.0	7.0～10.0	9.0～12.0
150～200	6.0～8.0	10.0～13.0	12.0～16.0
200～250	8.0～11.0	13.5～18.0	15.0～21.0

对于磷管理，当土壤有效磷低于 5 毫克/千克时，磷素管理

的目标是通过增施磷肥提高作物产量和快速培肥土壤，故磷肥用量应为作物吸收带走量的 2 倍；当土壤有效磷在5～10毫克/千克时，磷素管理的目标是通过增施磷肥提高作物产量和土壤有效磷含量，故磷肥用量应为作物吸收带走量的 1.5 倍；当土壤有效磷在10～20 毫克/千克时，磷素管理的目标是维持现有土壤有效磷水平，故磷素用量应与作物吸收量相当；当土壤有效磷大于 20 毫克/千克时，施用磷肥的增产潜力不大，个别高产或超高产地区可以适量补充磷，一般地区则无需施磷肥。根据油菜籽目标产量和土壤供磷能力的磷肥推荐用量见表 6-13。

表 6-13　根据油菜籽目标产量和土壤供磷能力的磷肥推荐用量

（千克/亩）

油菜籽目标产量	磷肥推荐用量			
	土壤磷含量 <5 毫克/千克	土壤磷含量 5～10 毫克/千克	土壤磷含量 10～20 毫克/千克	土壤磷含量 >20 毫克/千克
<50	2.5	2.0	1.5	0
50～100	2.5～5.0	2.0～4.0	1.5～2.5	0
100～150	5.0～5.5	4.5～7.0	2.5～4.5	2.0～3.0
150～200	8.5～11.5	7.0～8.5	4.5～6.0	3.0～4.0
200～250	11.5～13.5	8.5～10.0	6.0～7.5	4.0～5.0

当土壤速效钾（醋酸铵浸提钾）低于 50 毫克/千克时，钾素管理的目标是通过增施钾肥提高作物产量和土壤有效钾含量，故钾肥用量应为作物吸收量的 1.2 倍；当土壤速效钾在50～100 毫克/千克时，钾素管理的目标是维持现有土壤有效钾水平，故钾肥用量应与作物吸收量相当；当土壤速效钾在100～130 毫克/千克时，钾素管理的目标是作为苗期钾素“起动肥”供油菜苗期生长需要，故钾肥用量为作物吸收量的1/3 左右；当土壤交换性钾大于 130 毫克/千克时，施用钾肥的增产潜力不大，个别高产地区可以适量补充钾，一般地区则

无需施钾肥。根据油菜籽目标产量和土壤供钾能力的钾肥推荐用量见表6-14。

表6-14 根据油菜籽目标产量和土壤供钾能力的钾肥推荐用量

（千克/亩）

油菜籽目标产量	钾肥推荐用量			
	土壤K＜50毫克/千克	50～100毫克/千克	100～130毫克/千克	＞130毫克/千克
＜50	7.0	6.0	2.0	0
50～100	7.0～12.5	6.0～10.0	2.0～4.0	0
100～150	12.5～19.5	10.0～16.0	4.0～5.5	2.0～3.0
150～200	19.5～24.0	16.0～20.0	5.5～6.5	3.0～4.0
200～250	24.0～28.0	20.0～24.0	6.5～8.0	4.0～5.0

3. 根据土壤养分丰缺指标和养分测定值的磷、钾养分管理

根据土壤养分丰缺指标和养分测定值确定的土壤速效磷、速效钾（醋酸铵浸提钾）测定值和磷肥、钾肥施用推荐量见表6-15和表6-16。

表6-15 土壤磷测定值确定的磷肥施用推荐量

土壤速效磷（毫克/千克）	土壤养分丰缺状况	磷肥推荐用量（千克/亩）	磷肥施用方法
＜5	极缺	6.0～10.0	基肥撒施和穴施结合
5～10	较缺	5.0～6.5	基肥撒施和穴施结合
10～15	中度缺乏	3.0～5.0	基肥穴施（集中施肥）
15～20	轻度缺乏	2.0～3.0	基肥穴施
20～25	合适	1.0～2.0	基肥穴施
＞25	丰富	1.0	基肥穴施

注：油菜籽目标产量为150千克/亩。

表 6-16　土壤速效钾（醋酸铵浸提钾）测定值和钾肥施用推荐量

速效钾（毫克/千克）	土壤养分丰缺状况	钾肥推荐用量（千克/亩）	钾肥施用方法
<50	极缺	9.0～12.0	基肥和 2 次追肥，各 1/3
50～75	较缺	6.0～9.0	基肥 1/2，2 次追肥平均施用
75～100	中度缺乏	4.0～6.0	基肥 1/2，2 次追肥平均施用
100～125	轻度缺乏	2.0～4.0	基肥 1 次施用
125～150	合适	1.0～3.0	基肥 1 次施用
>150	丰富	1.0～2.0	基肥 1 次施用

注：油菜籽目标产量 150 千克/亩

（三）油菜施肥案例

长江流域油菜主产区在油菜籽目标产量 150～200 千克/亩时，每亩施肥总量为氮 9～12 千克、磷 4～6 千克、钾 6～10 千克。其中氮肥的 50%～60%、钾肥的 60%和全部磷肥作为基肥在油菜苗移栽前施用，余下的氮肥和钾肥分 2 次分别在移栽后 50 天和 100 天左右平均施用。由于油菜对硼敏感，当硼肥作为基肥施用时每亩施用硼砂 0.5～1 千克。

1. 油菜苗床施肥

做好苗床施肥，首先要施足基肥。具体做法是每 66.7 平方米苗床在播种前施用腐熟的优质有机肥 200～300 千克、尿素 2 千克、过磷酸钙 5 千克、氯化钾 1 千克，将肥料与土壤（10～15 厘米厚）混匀后播种。结合间苗和定苗，追肥 1～2 次。追肥以人、畜粪尿为主，并注意肥、水结合，以保证壮苗移栽。在移栽前可喷施硼肥 1 次，浓度为 0.2%。

2. 油菜移栽田施肥

从油菜移栽到收获，每亩移栽田所需投入不同养分总量分别为：纯氮9～12千克，纯磷4～6千克，纯钾6～10千克，硼砂0.5～1千克（基施），七水硫酸锌（锌肥）2～3千克。

市场上已有多种油菜专用肥出售，若准备购买专用肥，在施肥时可将不足部分用单质肥料补足，或者根据本技术资料提供的配方自制专用肥，可收到同等效果。

（1）基肥。在油菜移栽前1天或半天穴施基肥，施肥深度为10～15厘米。

基施氮肥占氮肥总用量的2/3左右，即每亩基施纯氮6～8千克，折合成碳酸氢铵为35～47千克，或折合成尿素为13～17千克。

磷肥全部做基施，折合成过磷酸钙为每亩33～50千克。

用做基肥的钾肥占钾肥总用量的2/3左右，即每亩施纯钾4～6.7千克，折合成氯化钾为6.7～11千克。

若不准备叶面喷施硼肥，每亩可基施硼砂0.5～1千克。

基肥施好后便可进行油菜苗移栽，移栽时注意不能直接将油菜栽在施肥穴上，油菜苗根系不要直接接触肥料，以免肥料浓度高而发生烧苗死苗现象。

（2）追肥。油菜追肥一般可分为2次。

第一次追肥在移栽后50天左右进行，即油菜苗进入越冬期前，此次追肥施用余下氮肥的1/2，追施氮肥种类宜用尿素，折合成尿素为3.2～4.3千克/亩。另外，追施剩余的全部钾肥，折合成氯化钾为3.3～5.5千克/亩。施肥方法为结合中耕进行土施，若不进行中耕，可在行间开10厘米深的小沟，将两种肥料混匀后施入，施肥后覆土。

第二次追肥在开春后薹期，撒施余下的氮肥，氮肥品种为尿素，折合施尿素3.2～4.3千克/亩。由于此时油菜已封行，

操作不便，只能表面撒施，注意一定要撒匀。

（3）叶面追肥。若根据前面提供的施肥配方和技术进行施肥，油菜生长过程中基本上可以不再进行叶面施肥。若在施基肥时没有施用硼肥，则一定要进行叶面施硼。叶面喷施硼肥（一般为硼砂）的方法是：分3次分别在苗期、薹期和初花期结合打药喷施，浓度为0.2%，每亩用溶液量50升。

三、大豆配方施肥技术

（一）大豆的营养特性

大豆对土壤要求并不严格，适宜pH为6.5～7.5，不耐盐碱，有机质含量高能促进大豆高产。大豆根是直根系，根上有根瘤菌与根进行“共生固氮”作用，是氮素营养的一个重要来源。大豆不同生育阶段需肥量有差异。开花至鼓粒期是吸收养分最多的时期，开花前和鼓粒后吸收养分较少。大豆采用有机、无机肥料配施体系，以磷、氮、钾、钙和钼营养元素为主，以基肥为基础。基肥中以有机肥为主，适当配施化肥氮、磷、钾。一般大豆每亩施肥量为氮4千克和磷6～8千克、钾3～8千克，包括有机肥和无机肥中纯有效养分含量之和，其中氮包括基肥和追肥用量之和。

大豆是需肥较多的作物。据研究，每生产100千克大豆，需吸收纯氮6.5千克、磷1.5千克、钾3.2千克，三者比例大致为4∶1∶2，比水稻、小麦、玉米等需肥都高。而根瘤菌只能固定氮素，且供给大豆的氮也仅占大豆需氮总量的50%～60%。固氮作用高峰集中于开花至鼓粒期，开花前和鼓粒后期固氮能力均较弱。因此，还必需施用一定数量的氮、磷和钾肥，才能满足其正常生长发育的需求。施用化肥氮过多时，根瘤数减少，固氮率降低，会增加大豆生产成本。一般认为，在特别缺氮的地方，早期施氮可促进幼苗迅速生长。大豆幼苗期是需氮关键时期。播种时施用少量的氮肥能促进幼苗的生长。

磷有促进根瘤发育的作用，能达到以磷增氮效果。磷在生育初期主要促进根系生长，在开花前磷促进茎叶分枝等营养体的生长。开花时磷充足供应，可缩短生殖器官的形成过程。磷不足时，落花落荚显著增加。钾能促进大豆幼苗生长，使茎秆坚韧不倒伏。

在酸性土壤上施用石灰，不仅供给大豆生长所必需的钙营养元素，而且可以校正土壤酸性。石灰提高土壤 pH 值对大豆生长的作用，往往高于增加营养的作用，使土壤环境有利于根瘤菌的活动，并增加土壤中其他营养元素（如钼）的有效性。另外，钙对大豆根瘤形成初期非常重要。土壤中钙增加，能使大豆根瘤数增多。但是，施用石灰也不可过多，一般每亩不要超过 30 千克。生产上施用过磷酸钙可以满足大豆对钙的需求。

大豆所需要的微量元素有铁、铜、锰、锌、硼和钼。在偏酸性的土壤上，除钼以外，这些元素都容易从土壤中吸收。有时土壤缺乏钼时，也会成为增加产量的限制因素。但钼可在土壤中积累，当土壤中钼含量过多时，对大豆生长也有毒害作用。

大豆缺氮先是真叶发黄，可从下向上黄化，在复叶上沿叶脉有平行的连续或不连续铁色斑块，褪绿从叶尖向基部扩展，以致全叶呈浅黄色，叶脉也失绿。叶小而薄、易脱落，茎细长。缺磷根瘤少，茎细长，植株下部叶色深绿，叶厚、凹凸不平、狭长；缺磷严重时，叶脉黄褐色，后全叶呈黄色。缺钾叶片黄化，症状从下位叶向上位叶发展；叶缘开始产生失绿斑点，扩大成块，斑块相连，向叶中心蔓延，最后仅叶脉周围呈绿色。黄化叶难以恢复，叶薄、易脱落。

大豆缺钙叶黄化并有棕色小点，先从叶中部和叶尖开始，叶缘、叶脉仍为绿色；叶缘下垂、扭曲，叶小、狭长，叶端呈

尖钩状。缺钼上位叶色浅，主、支脉色更浅，支脉间出现连片的黄斑，叶尖易失绿，后黄斑，颜色加深至浅棕色；有的叶片凹凸不平且扭曲，有的主叶脉中央出现白色线状。缺镁在大豆的三叶期即可显症，多发生在植株下部。叶小，叶有灰条斑，斑块外围色深。有的病叶反张、上卷，有时皱叶部位同时出现橙、绿两色相嵌斑或网状叶脉分割的橘红斑；个别植株中部叶脉红褐，成熟时变黑。叶缘、叶脉平整光滑。缺硫时，大豆的叶脉、叶肉均生米黄色大斑块，染病叶易脱落，迟熟。缺铁时叶柄、茎黄色，比缺铜时的黄色要深。分枝上的嫩叶也易发病。一般仅见主、支脉和叶尖为浅绿色。

大豆缺硼会在第 4 片复叶后开始发病，花期进入盛发期后新叶失绿，叶肉出现浓淡相间斑块，上位叶较下位叶色淡，叶小、厚、脆。缺硼严重时，顶部新叶皱缩或扭曲，上下反张，个别呈筒状，有时叶背局部呈现红褐色。发育受阻停滞，蕾期延后。主根短、根颈部膨大，根瘤小而少。缺锌大豆的下位叶有失绿特征或有枯斑，叶狭长、扭曲，叶色较浅。植株纤细，迟熟。

（二）大豆的施肥技术

大豆生长发育分为苗期、分枝期、开花期、结荚期、鼓粒期和成熟期。全生育期 90～130 天。其吸肥规律为：①吸氮率。出苗和分枝期占全生育期吸氮总量的 15%，分枝期至盛花期占 16.4%，盛花期至结荚期占 28.3%，鼓粒期占 24%，鼓粒期至成熟期占 16.3%。开花期至鼓粒期是大豆吸氮的高峰期。②吸磷率。苗期至初花期占 17%，初花期至鼓粒期占 70%，鼓粒期至成熟期占 13%。大豆生长中期对磷的需要最多。③吸钾率。开花期前累计吸钾量占 43%，开花至鼓粒期占 39.8%，鼓粒期至成熟期仍需吸收钾 17.2%。由上可见，开花至鼓粒期既是大豆干物质累积的高峰期，又是吸收氮、磷、钾养分的高峰期。

（1）基肥。施用有机肥是大豆增产的关键措施。在轮作地上可在前茬粮食作物上施用有机肥料，而大豆则利用其后效。有利于结瘤固氮，提高大豆产量。在低肥力土壤上种植大豆可以施加过磷酸钙、氯化钾各10千克做基肥，对大豆增产有好处。

（2）种肥。一般每亩用10～15千克过磷酸钙或5千克磷酸二铵做种肥，缺硼的土壤加硼砂0.4～0.6千克。由于大豆是双子叶作物，出苗时种子顶土困难，种肥最好施于种子下部或侧面，切勿使种子与肥料直接接触。此外，淮北等地有用1%～2%钼酸铵拌种的，效果也很好。

（3）追肥。实践证明，在大豆幼苗期，根部尚未形成根瘤或根瘤活动弱时，适量施用氮肥可使植株生长健壮。在初花期酌情施用少量氮肥也是必要的。氮肥用量一般以每亩施尿素7.5～10千克为宜。另外，花期用0.2%～0.3%磷酸二氢钾水溶液或每亩用2～4千克过磷酸钙水溶液100千克根外喷施，可增加籽粒含氮率，有明显增产作用。另据资料统计，花期喷施0.1%的硼砂、硫酸铜、硫酸锰水溶液可促进籽粒饱满，增加大豆含油量。

四、花生配方施肥技术

（一）花生的营养特性

花生的增产，除更换良种外，科学施肥可使产量增长10%～30%。因此，对花生的需肥特性要明确三点：一是与其他作物共有的特性，既需大量元素，也需中量元素，还需微量元素。这些元素同等重要而且不可互相取代。二是花生与粮棉作物不同的是，它的根可着生根瘤菌制造一部分氮素肥料。三是对钙、镁、硫、钼、硼等元素十分敏感。所以，花生需要吸收的氮、磷、钾、钙、镁、硫等大量元素和铁、钼、硼等微量元素中，以氮、磷、钾、钙4种元素需要量较大，被称为花生

营养的四大元素。

花生缺氮，导致营养生长缓慢，植株叶色黄、叶片小，荚果少且不饱满；缺磷，花生根须不发达、根瘤少，固氮能力下降，贪青迟熟；缺钾，叶片呈黄绿色，严重时植株顶部凋枯；缺硫，会减少果仁蛋白质含量；缺镁，叶绿素不能正常形成，严重的叶片白化，叶脉失绿；缺钼，减少根瘤和分枝数，并使叶绿素老化；缺硼，主茎和侧枝短粗，植株矮且呈丛生状，严重时生长点枯死。

花生是对铁元素比较敏感的作物之一。铁虽然不是叶绿素的成分，但它是合成叶绿素不可缺少的条件，是与呼吸有关的细胞色素氧化酶与过氧化酶的组成成分，参与植物体内氧化还原过程。正常情况下，土壤中铁的含量较高，一般不会发生缺铁现象。但由于我国北方土壤多为弱碱性，pH 较高，土壤中石灰质较多。夏季 7～8 月份土壤石灰质饱和，使土壤中的氢氧根离子及磷酸根离子浓度增加，极易与土壤中的铁离子形成难以被作物根系吸收的氢氧化铁和磷酸盐沉淀，使土壤中的有效铁含量严重降低。另一方面，土壤中未被固定的有效铁，也会随着暴雨产生的径流流失或随土壤水分向下部淋失。而此时也是花生生长发育最旺盛的时期，花生植株根系因无法吸收到足量的铁，而形成生理性缺铁现象，产生缺铁性黄化症。

花生缺铁时，首先表现为上部嫩叶失绿，而下部老叶及叶脉仍保持绿色；严重缺铁时，叶脉失绿进而黄化，上部新叶全部变白，久之叶片出现褐斑坏死，干枯脱落。

与花生缺氮、缺锌等引起的失绿比较，花生缺铁症状的特点突出表现在叶片大小无明显改变，失绿黄化明显。而缺氮引起的失绿常使叶片变薄变小，植株矮小；缺锌使叶片小而簇生，出现黄白小叶症。鉴定植株是否为缺铁黄化症，可用 0.1％硫酸亚铁溶液涂于叶片背面失绿处，若 5～8 天后转绿，可确认缺铁。

(二) 花生的施肥技术

花生的施肥要根据作物的需肥特点进行施肥。

1. 花生施肥原则

(1) 因土施肥。实践表明，肥力越差的田块，增施肥料后增产幅度越大；中等肥力的次之；肥沃的田块，增产效果不明显。因此，肥力差的田块要增施肥料。

(2) 拌种肥。①将每亩用的花生种拌 0.2 千克花生根瘤菌剂，拌 2.5～10 克钼酸铵。②将每千克花生种拌施 0.4～1 克硼酸。③将每亩用的花生种先用米汤浸湿，然后拌石膏 1～1.5 千克。这三种方法，均可及时补充肥料，使花生苗茁壮生长。

(3) 因苗施肥。花生所需氮、磷、钾的比例为 1∶0.18∶0.48。苗期需肥较少，开花期需肥量占总需肥量的 25%，结荚期需肥量占总需肥量的 50%～60%。因此，在肥料施用上，一是普施基肥，每亩施腐熟有机肥 1500 千克左右、磷肥 15～20 千克、钾肥 10 千克左右，肥力差的田块再施尿素 5 千克；二是始花前，每亩施腐熟有机肥 500～1000 千克、尿素 4～5 千克和过磷酸钙 10 千克，结合中耕施入；三是结荚期喷施 0.2%～0.3%磷酸二氢钾和 1%尿素溶液，能起到补磷增氮的作用。

2. 花生施肥时期

花生不同生育期对养分的需求不一样。

(1) 苗期。苗期根瘤开始形成，但固氮能力很弱，此期为氮素饥饿期，对氮素缺乏十分敏感。因此，未施基肥或基肥用量不足的花生应在此期追肥。

(2) 开花下针期。此期植株生长较快，且植株大量开花并形成果针，对养分的需求量急剧增加。根瘤的固氮能力增强，能提供较多的氮素，此期对氮、磷、钾的吸收量达到高峰。

（3）结荚期。荚果所需的氮、磷元素可由根部、子房柄、子房同时供应，所需要的钙则主要依靠荚果自身吸收。因此，当结果层缺钙时，易出现空果和秕果。

（4）饱果成熟期。此期营养生长趋于停止，对养分的吸收减少，营养体养分逐渐向荚果中运转。由于此时期根系吸收功能下降，应加强根外追肥，以延长叶片功能期，提高饱果率。

五、马铃薯施肥方案

（一）存在问题与施肥原则

针对马铃薯生产中普遍存在的重施氮磷肥、轻施钾肥，重施化肥、轻施或不施有机肥的现状，提出以下施肥原则：

（1）增施有机肥；

（2）重施基肥，轻用种肥；基肥为主，追肥为辅；

（3）合理施用氮磷肥，适当增施钾肥；

（4）肥料施用应与高产优质栽培技术相结合。

（二）施肥建议

1．产量水平1000千克以下

马铃薯产量在1000千克/亩以下的地块，氮肥用量推荐为4～5千克/亩，磷肥3～5千克/亩，钾肥1～2千克/亩。每亩施农家肥1000千克以上。

2．产量水平1000～1500千克

马铃薯产量在1000～1500千克/亩的地块，氮肥用量推荐为5～7千克/亩，磷肥5～6千克/亩，钾肥2～3千克/亩。每亩施农家肥1000千克以上。

3．产量水平1500～2000千克

马铃薯产量在1500～2000千克/亩的地块，氮肥用量推荐为7～8千克/亩，磷肥6～7千克/亩，钾肥3～4千克/亩。每亩施农家肥1000千克以上。

4. 产量水平2000千克以上

马铃薯产量在2000千克/亩以上的地块，氮肥用量推荐为8～10千克/亩，磷肥7～8千克/亩，钾肥4～5千克/亩。每亩施农家肥700千克以上。

（三）施肥方法

1. 基肥

有机肥、钾肥、大部分磷肥和氮肥都应做基肥，磷肥最好和有机肥混合沤制后施用。基肥可以在秋季或春季结合耕地沟施或撒施。

2. 种肥

马铃薯每亩用3千克尿素、5千克普钙混合100千克有机肥，播种时条施或穴施于薯块旁，有较好的增产效果。

3. 追肥

马铃薯一般在开花以前进行追肥，早熟品种应提前施用。开花以后不宜追施氮肥，以免造成茎叶徒长，影响养分向块茎的输送，造成减产。可根外喷洒磷钾肥。

第四节　主要粮食作物测土配方施肥技术

一、水稻

（一）水稻需肥量和需肥规律

1. 水稻需肥量

在高产条件下，每生产100千克稻谷须吸收氮210～2.40千

克、磷 0.90～1.30 千克、钾 2.10～3.30 千克。一般情况，常规稻的吸氮量高于杂交稻，而杂交稻的吸钾量则高于常规稻，吸磷量则基本相同。与小麦、玉米等禾谷类作物相比，水稻需氮量偏低，而对磷、钾的需求量与小麦、玉米基本相当，但由于水稻单产较高，因此，总需肥量仍高于小麦。水稻还是需硅量较大的作物，其体内的含硅量通常占总干物重的11%～20%，因此，生产上应重视硅肥在水稻的应用。

2. 水稻需肥规律

水稻全生育期可分为营养生长期和生殖生长期两大阶段，每个阶段又包含若干生育期，在不同的生育期对养分的需求量均不相同，表 6-17 列出了水稻不同生育期的养分吸收情况。

表 6-17　水稻不同生育期吸收养分的特点

生育期	占全生育期吸收养分总量的百分数（%）		
	氮	磷	钾
秧苗期	0.5	0.26	0.40
分蘖期	23.16	10.58	16.95
拔节期	51.40	58.03	59.74
抽穗期	12.31	19.66	16.92
成熟期	12.63	11.47	5.99

从表 6-17 可以看出，水稻对氮、磷、钾的最大吸收量都在拔节期，均占全生育期养分总吸收量的 50%以上，表明拔节期是养分对水稻的最大效率期，截至拔节期，水稻吸收的氮、磷、钾已分别占全生育期总吸收量的 75%、69%和 77%。可以认为，在营养生长期，伴随着个体的不断增长，水稻不断进行着养分的吸收和积累，为生殖生长做物质储备。而生殖生长期对养分的吸收在提高千粒重进而增产方面有重要作用。

（二）水稻应如何施肥

在总结水稻施肥经验的基础上，可将其归纳如下。

（1）“前促”施肥法。其特点是重施基肥，早施分蘖肥，也有集中在基肥一次全层施用的。这种模式适用于双季早晚稻和单季稻中的早熟品种。以“增穗”为实现目标产量的主要途径。方法是基肥占总施肥量的70%～80%，其余肥料在移栽返青期后全部施下。

（2）“前促、中控、后补”施肥法。其特点是施足基肥，早施分蘖肥、中期控氮、后期补施粒肥。这种方式在当前生产实践中应用广泛，特别适合于一季中稻，以提高穗粒数和增加粒重为实现目标产量的主要途径。

（3）“前稳、中促、后保”施肥法。其特点是施足基肥、重施穗肥、后施粒肥，适用于生长期较长的水稻品种和土壤保肥力较差的田块。以大穗、粒重为实现目标产量的主要途径。

一般水稻单产500千克/亩的情况下，每亩施用氮肥15千克以上，具体施肥量随着土壤肥力、水稻品种、栽培方法而不同，同时要求注意氮、磷、钾肥的配合施用。

（三）水稻大田期追肥的注意事项

分蘖期追肥：目的是增加穗数，方法是在施足基肥的基础上早施分蘖肥，一般在移栽后5～10天（田水清后）之内施用；以促进分蘖、提高成穗率、增加有效穗。施肥的数量看稻田肥力水平、底肥情况、栽培密度而定，如果稻田肥力水平高、底肥情况足、栽培密度大的情况下，要防止群体发展过快、封行过早，不宜多施用分蘖肥，应适当增加穗肥提高成穗率。

幼穗发育期追肥：又叫穗肥，其目的是巩固有效分蘖、促进穗粒数增加。穗肥又分为两种，促花肥与保花肥；一般以保花肥为主，即在幼穗有1.5厘米长时追施保花肥，一般用量为尿素5千克/亩左右，具体用量还要看苗、看天而定，一般苗不褪色不施、天气多雨不施。促花肥则在穗轴分化期至颖花分

化期施用，目的是增加每穗颖花数。穗肥还有增加最后三片叶的含氮量的作用，防止叶片和根系早衰。

粒肥：目的是延长叶片功能期，提高光合强度，增加粒重，减少空瘪粒。方法为齐穗期追施氮肥（每亩3千克左右的尿素，具体用量看叶片的颜色）或叶面喷施氮或氮磷钾混合液。

水稻除了进行土壤施肥外，叶面喷肥也有一定效果，是补充水稻后期营养的有效措施。根据试验结果，在水稻拔节初期，用尿素进行根外追肥，稻粒和稻草都能增产。

（四）水稻缺磷、缺钾或缺锌造成“僵苗”的区别

磷是构成细胞原生质中细胞核的主要成分，对细胞分裂、幼苗生长、根系发育均有重要影响。水稻缺磷时引起的僵苗症状是新叶暗绿色，老叶灰紫，叶直立，鞘长叶短，严重时叶片卷曲。根系细弱软绵，弹性差，分根少，夹紧不分开，如土壤中产生硫化氢时，则根系发黑。水稻缺磷时出现僵苗的原因：一是土壤中缺乏有效磷；二是土壤中有效磷虽不缺乏，但因水、土温度低，或土壤中产生还原性有害物质对稻根产生毒害，造成吸磷少的生理缺磷现象。

水稻因缺钾引起的“僵苗”又叫赤枯病，返青后便可以发生，一般在移栽后20～30天达到发病高峰。僵苗的症状是病苗生长停滞，植株矮小，分蘖少，叶深绿，叶片由下而上，由叶尖向叶基部逐渐出现黄褐色至赤褐色斑点，并连成条斑，严重时叶片自下而上枯死，甚至连叶鞘、茎秆上也有病斑，远看一片焦赤。在土壤长期淹水且还原性很强的稻田，根系老化腐朽，细根容易脱落，新根少，呈黄褐至暗赤褐色，最后变成黑色，甚至腐烂。水稻缺钾引起的病害，多数由于稻根受冷害，或土壤中有毒物质的毒害，使水稻吸收能力降低，特别是吸钾量少而诱发的“生理性赤枯病”。在沙土及漏水田，有效钾含量低，容易淋失，也会引起缺钾。在有机肥少，大量偏施氮肥情况下，也会因营养平衡失调，引起水稻缺钾，造成僵苗。

由于缺锌引起的水稻僵苗，农民群众称为“红苗”或“缩苗”，通常在插秧后20天左右发病严重。先为老叶的叶尖干枯，叶片自下而上沿中肋两侧发生黄赤色或赤褐色不规则锈斑，渐而向叶片两端扩大连片。新叶小，出叶慢，叶鞘短，植株矮缩。严重时除新叶外整株枯赤焦干，甚至连叶鞘茎秆上也有锈斑。发根少或不发新根，根系黄白色，当土壤中含有毒物质时，根系也会变黑。土壤缺锌的原因是中性至碱性的土壤有效锌缺乏，特别是在淹水条件下更为严重。

因此，在石灰性土壤上种水稻，容易出现缺锌症状。土壤连年大量施用磷肥，使土壤锌的有效性下降，诱发缺锌。插秧后低温条件下，锌的有效性低，根系吸收力弱。也会引起缺锌。根据水稻缺磷、缺钾、缺锌症状，采取相应的补磷、补钾、补锌措施，可以有效地改善水稻出现的“僵苗”症状。

二、玉米施肥方案

（一）存在问题与施肥原则

玉米生产存在的主要施肥问题有：

（1）氮肥一次性施肥面积较大，在一些地区易造成前期烧种烧苗和后期脱肥；

（2）有机肥施用量较少；

（3）种植密度较低，保苗株数不够，影响肥料应用效果；

（4）土壤耕层过浅，影响根系发育，易旱易倒伏。

根据上述问题，提出以下施肥原则：

（1）氮肥分次施用，适当降低基肥用量、充分利用磷、钾肥后效；

（2）土壤pH高、高产地块和缺锌的土壤注意施用锌肥；

（3）增加有机肥用量，加大秸秆还田力度；

（4）推广应用高产耐密品种，适当增加玉米种植密度，提高玉米产量，充分发挥肥料效果；

（5）深松整地打破犁底层，促进根系发育，提高水肥利用效率。

（二）施肥建议

1. 产量水平 400 千克/亩以下

玉米产量 400 千克/亩以下地块，氮肥用量推荐为 6～8 千克/亩，磷肥用量 4～5 千克/亩，土壤速效钾含量＜100 毫克/千克时，适当补施钾肥 1～2 千克/亩。每亩施农家肥 700 千克以上。

2. 产量水平 400～500 千克/亩以下

玉米产量 400～500 千克/亩以下地块，氮肥用量推荐为 8～10 千克/亩，磷肥用量 5～6 千克/亩，土壤速效钾含量＜100毫克/千克适当补施钾肥 1～2 千克/亩。每亩施农家肥 700 千克以上。

3. 产量水平 500～650 千克/亩

玉米产量在 500～650 千克/亩的地块，氮肥用量推荐为 8～10千克/亩，磷肥 6～9 千克/亩，土壤速效钾含量＜120毫克/千克适当补施钾肥 2～3 千克/亩。每亩施农家肥 1000 千克以上。

4. 产量水平 650～750 千克/亩

玉米产量在 650～750 千克/亩以上的地块，氮肥用量推荐为 10～14 千克/亩，磷肥 9～11 千克/亩，土壤速效钾含量＜150毫克/千克适当补施钾肥 3～4 千克/亩。每亩施农家肥 2000 千克以上。

5. 产量水平750千克/亩以上

玉米产量在750千克/亩以上的地块，氮肥用量推荐为14～15千克/亩，磷肥11～12千克/亩，土壤速效钾含量<150毫克/千克适当补施钾肥3～4千克/亩。每亩施农家肥2000千克以上。

（三）施肥方法

作物秸秆还田地块要增加氮肥用量10%～15%，以协调碳氮比，促进秸秆腐解。要大力推广玉米施锌技术，每千克种子拌硫酸锌4～6克，或每亩底施硫酸锌1.5～2千克。同时，要采用科学的施肥方法。一是大力提倡化肥深施，坚决杜绝肥料撒施。基肥、追肥施肥深度要分别达到15～20厘米、5～10厘米。二是施足底肥，合理追肥。一般有机肥、磷肥、钾肥及中微量元素肥料均做底肥，氮肥则分期施用。玉米田施氮肥时，60%～70%做底施、30%～40%追施。

三、谷子施肥方案

（一）存在问题与施肥原则

针对春播谷子生产中普遍存在的化肥用量不平衡，肥料增产效率下降，有机肥用量不足，微量元素硼缺乏时有发生等问题，提出以下施肥原则：

（1）依据土壤肥力田间，适当增减氮、磷化肥用量；

（2）增施有机肥，提倡有机无机肥料相结合；

（3）将大部分氮肥、全部磷肥和有机肥，结合秋季深耕进行底施；

（4）依据土壤钾素和硼素的丰缺状况，注意钾肥、硼肥的施用；

（5）氮肥的施用坚持“前重后轻”“基肥为主，追肥为辅”

的原则；

（6）肥料施用应与高产优质栽培技术相结合。

（二）施肥建议

1. 产量水平 350 千克/亩以下

亩产 350 千克以下地块的施肥量应为每亩施氮 6～8 千克，磷 5～6 千克，土壤速效钾含量＜120 毫克/千克时，适当补施钾肥 1～2 千克/亩。每亩施农家肥 1000 千克以上。

2. 产量水平 350～450 千克/亩

亩产 350～450 千克的地块，每亩施氮 7～9 千克，磷 6～8 千克，土壤速效钾含量＜120 毫克/千克时，适当补施钾肥 1～2 千克/亩。每亩施农家肥 1000 千克以上。

3. 产量水平 450～600 千克/亩

亩产 450～600 千克的地块，每亩施氮 9～11 千克，磷 8～9千克，土壤速效钾含量＜120 毫克/千克时，适当补施钾肥2～3 千克/亩。每亩施农家肥 1000 千克以上。

4. 产量水平 600 千克以上

亩产 600 千克以上的地块，每亩施氮 11～14 千克，磷 9～10千克，土壤速效钾含量＜120 毫克/千克时，适当补施钾肥3～4 千克/亩。每亩施农家肥 1000 千克以上。

（三）施肥方法

（1）基肥。基肥是谷子全生育期养分的源泉，是提高谷子产量的基础，因此谷子应重视基肥的施用，特别是旱地谷子，有机肥、磷肥和氮肥以做基肥为主。基肥应在播种前一次施入田间，春旱严重、气温回升迟而慢、保苗困难的区域最好在头年结合秋深耕施基肥，效果更好。

（2）种肥。谷子籽粒是禾谷类作物中最小的，胚乳储藏的养分较少，苗期根系弱，很容易在苗期出现营养缺乏症，特别是晋北区谷子苗期，磷素营养更易因地温低、有效磷释放慢且少而影响谷子的正常生长，因此每亩用 0.5～1.0 千克磷和 1.0 千克氮做种肥，可以收到明显的增产效果。种肥最好先用耧施入，然后再播种。

(3) 追肥。谷子的拔节孕穗期是养分需要较多的时期，条件适宜的地方可结合中耕培土用氮肥总量的 20%～30%进行追肥。

四、小麦

(一) 小麦后期喷施磷酸二氢钾可以增产

冬小麦从抽穗到灌浆期，经常遇到干热风的侵袭。干热风会使麦株青枯，不能正常灌浆成熟，麦粒空瘪，粒重降低，减产可达 10%～30%。如果在小麦抽穗到乳熟期喷施磷酸二氢钾，磷、钾营养经小麦叶吸收后，能加快干物质的合成、运输和积累，使麦粒灌浆充足，灌浆速度加快，有明显的增加粒重和促进成熟的作用，从而减轻干热风的危害。对于后期氮素营养偏多的麦株，喷施磷酸二氢钾，有使干物质合成和积累加快的作用。因此，对灌浆结实也有一定好处，即使发生干热风的年份也能增产。磷酸二氢钾浓度以 0.2%为宜，每亩喷 50 千克肥液，用药 100 千克左右。喷肥时间以抽穗扬花期为好，灌浆期再喷一次效果更好，两次间隔 10～15 天。

(二) 冬小麦的需肥量和需肥规律

我国种植的冬小麦一般在秋末冬初播种，来年夏初前后收获，生育期较长。小麦是一种需肥较多的作物，据统计分析，在一般栽培条件下，每生产 50 千克小麦，须从土壤中吸收氮 1.5 千克左右、磷 0.5～0.75 千克、钾 1.5～2 千克，氮、磷、

钾的比例约为3∶1∶3。小麦对氮、磷、钾的吸收量，随着品种特性、栽培技术、土壤和气候等有所变化。产量要求越高，吸收养分的总量也随之增多。

小麦在不同生育期，对养分的吸收数量和比例是不同的。小麦对氮的吸收有两个高峰：一是在出苗到拔节阶段，吸收氮占总氮量的40%左右；二是在拔节到孕穗开花阶段，吸收氮占总氮量的30%～40%，在开花以后仍有少量吸收。小麦对磷、钾的吸收，在分蘖期的吸收量约占总吸收量的30%，拔节以后吸收率急剧增长。磷的吸收以孕穗到成熟期吸收量最大，约占总吸收量的40%。钾的吸收以拔节到孕穗、开花期为最多，占总吸收量的60%，在开花时对钾的吸收达到最大。因此，在小麦苗期，应有适量的氮素营养和一定的磷、钾肥，促使幼苗早分蘖、早发根，培育壮苗。拔节到开花是小麦一生吸收养分最多的时期，需要较多的氮、钾营养，以巩固分蘖成穗，促进壮秆、增粒。抽穗、扬花以后应保持足够的氮、磷营养，以防脱肥早衰，促进光合产物的转化和运输，促进麦粒灌浆饱满，增加粒重。

（三）冬小麦如何施用底肥和种肥

施足小麦底肥是提高麦田土壤肥力的重要措施。底肥既能保证小麦苗期生长对养分的需要，促进早生快发，使麦苗在入冬前长出足够的健壮分蘖和强大的根系，又为春后生长打下基础。底肥对小麦中期稳长、成穗和防止后期早衰也有良好作用。底肥的数量应根据产量要求，肥料种类、性质，土壤和气候条件而定。底肥应占施肥总量的60%～70%为宜。底肥应以有机肥为主，适量施用氮、磷、钾等化学肥料。一般每亩施农家肥1～1.5吨、尿素10千克或碳酸氢铵25千克、过磷酸钙25千克、氯化钾5～7.5千克，或草木灰50～75千克。粗肥数量多，在保肥力强的黏性土和干旱地区，肥料不易分解，底肥的比例可大些；精肥数量多，在保肥力差的沙性土和雨水较多的地区，底肥比例应小一些。

底肥施用方法：数量多时，应全层施用，粗肥可在耕地前深施，精肥适当浅施做表层肥；底肥数量少时，应集中施用，采用条施或穴施的办法。磷肥最好与有机肥混合施用，对速效磷肥可以减少土壤对磷的吸附、固定；对迟效或难溶性磷肥，有利于磷的释放和被作物吸收。

小麦播种时用适量速效氮、磷肥做种肥，能促进小麦生根发苗，提早分蘖，增加产量，对晚茬麦和底肥不足的麦田有显著的增产效果。各地试验证明，施用硫酸铵拌种的可增产10%左右。氮肥做种肥一般每亩用5千克硫酸铵或2.5千克尿素，碳酸氢铵易挥发，不宜做种肥。磷肥做种肥时，可预先将过磷酸钙与腐熟的农家肥粉碎过筛后，制成颗粒肥与小麦种子混播；也可将过磷酸钙撒在土表后，浅耕混匀再行播种。过磷酸钙的用量一般每亩施7.5～10千克。对土壤肥沃或底肥充足的麦田，种肥可以不施。

种肥的施用方法可概括为两种，即将化肥与麦种混合播种，或与麦种隔一定的土层分施。化肥与种子混播操作方便，但由于化肥和种子的颗粒大小不同，重量也不相同，二者很难同时均匀地施入土壤。因此，机器播种时，要注意经常搅拌。

（四）小麦如何巧施返青、拔节、孕穗肥

小麦返青后生长开始转旺，吸收养分逐渐增多，但是此时地温不高，做底肥施下的农家肥料分解缓慢，不能满足小麦需要，因此要追施速效化肥。追肥要看苗追施，对于冬前每亩总茎数达100万以上的旺苗，由于分蘖太多、叶色深绿、叶片肥大、返青肥应以磷、钾肥为主，不要再追氮肥。每亩施过磷酸钙15千克、草木灰50～100千克或钾肥10千克左右，对壮秆防倒伏有好处。对于冬前每亩总茎数已达70万～100万的壮

苗，应以巩固冬前分蘖为主，适当控制春季分蘖，以减少无效分蘖。追肥可在2月底至3月初，每亩施碳酸氢铵7.5～10千克。对保水保肥力强的稻茬麦，可适当早施；保水保肥力差的沙壤土或砂姜黑土，可适当晚施。麦田偏弱苗时，可酌情施“偏心”肥。对于冬前分蘖不足的弱苗，应重施返青肥，每亩可施碳酸氢铵15～20千克，施用方法最好开沟深施，施后覆土。对于缺磷的麦田，可每亩施10～15千克过磷酸钙，磷肥因不易移动不能撒施地表，必需开沟施在根系附近。

小麦从拔节到抽穗是生长发育最旺盛的时期，吸肥量大，需肥最多，满足这一时期的养分供应，是小麦高产的关键。拔节、孕穗肥应该看苗巧施。对于生长不良的弱苗，群体偏小，每亩总茎蘖数不足30万，应早施拔节肥，提高分蘖成穗率，力争穗多、穗大。追肥量可占总施肥量的10%～15%。每亩可用尿素3～4千克沟施或穴施。对于生长健壮的麦苗，由于群体适宜，穗数一般有保证，主要应攻大穗。因此，拔节期间应适当控制肥水，防止倒伏，待叶色自然褪淡，第一节间定长，第二节间迅速伸长时，再水、肥同施，保花增粒，延长上部叶片功能期，又不致于使第一、第二节间过长。对于群体大，叶面积过大，叶色浓绿，叶宽大、下垂的旺苗，有倒伏危险，主要应控制水、肥，抑制后生分蘖，如有条件可以喷施矮壮素，矮化植株，壮秆防倒伏。

第五节　食用菌测土配方施肥技术

一、食用菌的营养特性

（一）蘑菇的营养特性

蘑菇营养丰富，它不仅富含蛋白质，而且磷、钾、钙、铁、钠等矿质营养含量也相当丰富。矿质营养对蘑菇生长十分重要，磷不仅是核酸和能量代谢的组成成分，而且缺磷，碳和氮也不能被很好地代谢利用。钾主要靠培养料中的秸秆供给，不必另行供给。钙主要是促进菌丝体的生长和子实体的形成，在生产上常用石膏、碳酸钙、熟石灰等作为钙肥。蘑菇生长需要的微量元素主要是铁、铜、钼、锌等。

蘑菇生长对碳和氮的需求量大，吸收碳和氮时是按一定比例进行的。如果氮不足会影响蘑菇产量，但氮也不宜过多，以免引起肥害。

（二）香菇的营养特性

香菇生长需要碳水化合物和含氮物质，也需要大量的无机盐类和维生素等。香菇利用的碳源较广泛，利用的氮主要是有机氮和铵态氮，不能吸收利用硝态氮和亚硝态氮。香菇营养生长阶段，最适合的碳氮比为（25～40）∶1。生殖生长阶段，最适合的碳氮比是（73～600）∶1。香菇利用的矿质元素主要是镁、磷、硫、钾，同时，铁、锌、锰的存在能促进香菇菌丝体的生长。

（三）平菇的营养特性

平菇生活力强，对营养的要求比较广泛。碳素是平菇的重要营养来源。它不仅是合成碳水化合物和氨基酸的原料，也是重要的能量来源。在人工栽培中，以棉籽壳、稻草、麦秸、玉米芯、甘蔗渣、木屑等作为原料，以供给平菇生长所需要的碳源。氮素也是平菇的重要营养。平菇生长合成蛋白质和核酸时，氮素是不可少的原料。平菇菌丝中含有各种蛋白酶，能将基质中蛋白质分解成结构简单的、能被菌丝直接吸收的氨基酸。其次，尿素、铵盐和硝酸盐等也是平菇菌丝能直接吸收的氮源。在实际栽培中，适当添加各种天然的含氮化合物来补充

氮素营养，对平菇菌丝体生长和子实体的发育有良好促进作用。平菇在菌丝生长阶段培养料中含氮量以0.016%～0.064%为宜；子实体发育阶段培养料含氮量为0.016%～0.032%，过低过高都不利于菌丝生长和子实体发育。在营养生长阶段，碳氮比以20∶1为好，而生殖生长阶段碳氮比以40∶1为好。平菇在生长过程中还需要矿质元素，如磷、硫、镁、钙、钾、铁和维生素类等。此外，平菇生长发育还需要钴、锰、锌、钼等微量元素。

（四）黑木耳的营养特性

黑木耳在生长发育过程中，必需从基质中摄取碳源、氮源、无机盐和维生素等营养物质。黑木耳生长的碳源种类很多，如纤维素、木质素、淀粉、蔗糖、葡萄糖、乳糖等。黑木耳还能利用木材、木屑中的纤维素、半纤维素和木质素作为碳源。氮是黑木耳生长必需的另一种营养元素。它能利用的氮源主要有蛋白质、氨基酸、尿素、铵盐、硝酸盐等。据报道，0.1%硝酸钙是黑木耳菌丝生长的良好氮源，还有尿素、天冬酰胺和丙氨酸也是很好的氮源。黑木耳的生长发育需要维生素类物质。此外，还需要少量的无机盐类，如钙、磷、钾、铁、镁等。

二、食用菌的施肥技术

合理施肥是食用菌高产优质的一项重要措施，不同种类食用菌施肥技术基本相似。除营养料配制时按配方添加外，食用菌施肥主要有两种追肥方法：一是把肥料配制成一定浓度的肥液，结合补水施入；二是生长期内喷洒各种增产剂。

（一）营养液的配制及随水补给

营养液的配比有：①0.1%～0.2%尿素溶液；②1%蔗糖

水溶液；③尿素500克、蔗糖250克、磷酸二氢钾10克和水50升。营养液的补充常结合补水注入。

补水方法有两种：浸泡补水法和压力式补水法。

浸泡补水法：将配制好的营养液倒入水池或专门制作的盛水容器内，菌袋用铁条在料面上呈三角形打几个洞，注意铁条要穿透培养料，使料内能吸足水分，一般浸泡5～8小时。

压力式补水法：一般用与农用喷雾器相连的专用补水针。这种补水针一端呈注射用的针头状，另一端和喷雾器的出水皮管相连，将补水针插入培养料内，压动喷雾器的加压杆，这样喷雾器内盛装的营养液就会在一定的压力下注射到菌袋内，起到补足水分和营养的作用，一般每袋需插3个孔左右，补水至原料重的90%。

（二）各种增产剂的应用

能使食用菌增产的物质较多，幼菇期喷洒能增加出菇次数，提高产量。合理地选择和科学的配制，将对食用菌生产起到显著的增产作用。

1. 菇根煮汁

将加工后剪除的菇柄放入锅内加水煮沸30分钟，取汁液加水7～10倍喷洒料面或幼菇，可增产10%左右。

2. 豆腐下脚水

生产豆腐的下脚水，含有丰富的营养物质，加入一定量拌料可促进菌丝生长，菇期加清水4～5倍喷洒幼菇，也可增产。

3. 淘米水

即指洗大米后的溶有大米营养物质的水，拌料和喷洒都有增产作用。

4. 硝酸铵溶液

采菇后，用0.1%硝酸铵水溶液喷洒料面，具有增产

作用。

5. 尿素

用0.1%～0.2%尿素水溶液，拌料或喷洒料面都有增产效果。

6. 腐殖酸盐类

有黄腐酸盐、褐腐酸盐，生产中黄腐酸盐类较多，可用于拌料或喷洒。用0.1%水溶液喷洒幼菇有较明显的增产效果，增产幅度一般可达30%～40%。

7. 三十烷醇

0.5～1毫克/升浓度的三十烷醇水溶液喷洒幼菇，增产幅度可达10%～30%。

8. 磷酸二氢钾

磷酸二氢钾是食用菌生产中常用的增产剂之一，0.05%～0.1%磷酸二氢钾水溶液拌料或喷施增产都非常显著。

9. 激素类物质

（1）乙烯利，乙烯利可使食用菌早熟高产，幼菇期喷洒500毫克/升的乙烯利水溶液，可增产10%～20%。

（2）2，4－D，用20～30毫克/升的2，4－D溶液喷洒幼菇，增产可达30%。

10. 维生素类

维生素B_1、维生素B_2、维生素C对食用菌菌丝有促进生长的作用，也可起到一定的增产效果。

其他如蔗糖、硫酸镁、硼砂、味精、酵母等许多物质对食用菌都具有增产作用。

特别提出的是利用多种增产剂进行科学的混合配制，最大限度地综合发挥作用，可大幅度地提高食用菌的产量。下面列举几例。

一是乙醇、磷酸铵、维生素C液。乙醇2%、磷酸二氢铵0.1%、维生素C 0.02%混合，在菇蕾期喷洒，可增产20%～30%。

二是硫酸镁、硫酸锌、磷酸二氢钾和维生素C混合液。硫酸镁0.04%、硫酸锌0.04%、磷酸二氢钾0.04%和维生素C 0.04%混合，在菇蕾期喷施，增产30%左右。

增产剂的种类很多，配制的方法也多种多样，目前，市场上有不少这样的商品，有粉剂也有液体，都有较好的增产效果，应用时参照商品规定的用量使用。

第六节　花卉测土配方施肥技术

一、花卉的营养特性

花卉对养分的需求受其种类及品种、同一花卉的不同生育期以及观赏价值的影响。

花卉需肥量大，吸肥能力强，但不同种类花卉的需肥量有较大的差异。花卉根系发达，伸长点活跃，吸肥强度大。一般花卉植物养分中，氮为2%～5%、磷为0.3%～0.5%，钾比氮要少，钙、镁更少。同时，也需吸收一定量的微量元素，但种类不同，体内含量也有差异。例如，天竺葵、菊花体内的正常生长需硼量分别为0.003%～0.028%、0.0025%～0.02%，而玫瑰、杜鹃、一品红则分别为0.003%～0.006%、0.017%～0.01 %和0.003%～0.01%。

同一种类花卉因品种不同对养分需求也各异。如菊花莲座型的粗种可以多施肥料，而管瓣细种或单平瓣型的则应少施肥。就同一品种而言，不同生育期需肥差异较大。幼苗期生长

量少，需肥量也少；中期茎叶大量生长，需肥量大；开花初期需肥量最大，开花后期吸收逐渐减少、需肥也少。一般花卉生长前期及早供氮，是获得优质花的关键；花芽分化后对磷的需求迫切，体内含磷水平明显增加，所以，应重视磷肥的施用。

二、花卉的施肥技术

花卉施肥与其他植物相比有两个明显特点：一是对肥料质量要求高，所用肥料应养分全面，有机肥必需经过除臭除毒；二是施肥方式多样化。

（一）基肥

一般以肥效长、营养全面的有机肥为主，结合耕地施入土中。盆栽花卉，一般在花上盆或换盆时，把肥料与土充分混匀。基肥的施用量应占总施肥量的50%～60%，其中，氮肥30%，有机肥、磷肥、钾肥70%基施。微肥根据土壤肥力状况而定，对于微量元素含量较缺的土壤，应基施80%～100%，如果土壤中微量元素含量丰富，可在花卉生长期内适当喷施。

（二）种肥

种肥可采取浸种、拌种、蘸根等方式施用。种肥的施用一定要掌握好用量和浓度，应选择pH值适中的肥料，防止烧苗现象出现。

（三）追肥

追肥一般在花卉营养临界期和最大效率期施用，生长期过长的花卉应分次追施。追肥应占总施肥量的40%～50%，其中，氮肥占70%，磷、钾肥占30%。氮、磷、钾肥作为追肥浇施，浓度应掌握在0.1%～0.5%为宜，追肥结合浇水效果较佳。

（四）叶面追肥

表6-18列出了几种常用肥料的叶面喷施浓度。

表6-18 几种常用肥料的叶面喷施适宜浓度

肥 料	适宜喷施浓度	备 注
尿素	0.2%～0.5%	草本花卉0.2%～0.3%，木本花卉0.3%～0.5%
过磷酸钙	0.5%～2%	过磷酸钙溶解度小，一般提前1天将其溶于清水，搅拌多次，使用时倾出清液，稀释
磷酸二氢钾	0.2%～0.3%	
硫酸亚铁	0.2%～0.5%	育苗期宜为0.1%～0.2%
硼砂	0.1%～0.25%	
硫酸锌	0.05%～0.2%	

花卉的叶面施肥同其他作物类似，要注意以下几点：①喷施时间以日出时或傍晚日落后为好，太阳光较强时和阴雨天不宜喷。②两种以上肥料混合施用时，必需防止酸性肥料与碱性肥料混合施用，以免降低肥效。③喷施次数一般每周1次，连喷3～4次后停喷2周左右再喷施。④苗期以喷氮、磷、钾元素为主，以加快幼苗生长。微量元素的喷施根据植株生长的缺素状况而定。⑤浓度要适宜，浓度过大容易引起叶面烧伤，甚至导致死亡。

随着花卉设施栽培技术的发展，滴灌施肥和二氧化碳气肥在花卉生产中也有应用。

三、花卉施肥应注意的问题

第一，施用的有机肥一定要在施用前充分发酵、腐熟，做到无毒无臭、不污染环境，因为花卉以观赏为主，环境清新十分重要。

第二，不要长期单纯施用化肥，最好是有机肥与化肥间隔

施用，这样不仅对花卉生长有利，又不至于使花卉土壤板结。

第三，严格掌握施肥用量，一定要勤施少施。

第四，施用液肥时，一定不要溅到叶片上，特别是给草本观叶花卉追肥时更应细心。最好在追肥后叶面喷1次清水。

四、不同栽培方式的花卉施肥

（一）露地花卉施肥

露地生长花卉受天气影响较大，在生长前期养分主要由基肥供给，中、后期则由追肥供给。氮肥一部分靠有机肥供给，一部分靠追施氮肥来补充。磷肥做基肥，钾肥60%～70%做基肥。

（二）盆栽花卉施肥

盆栽花卉用土有两种：一种是农业自然土壤，一种是人工土壤。若用自然耕作土壤，只需补施氮、磷、钾元素即可；若采用人工土装盆，除需氮、磷、钾外，还应供给中量、微量元素。盆栽花卉施肥以可控释缓效颗粒肥为佳。

（三）温室花卉施肥

温室施肥根据花卉必要养分的最小限度进行施用，目的是减少盐类的积累。应选择肥效周期长、副作用低、残留量少、浓度障碍出现小的肥料，如磷酸铵、硝酸铵、硝酸钾等。在条件允许的情况下，最好采用灌溉施肥的方法进行。另外，温室花卉一定要注意二氧化碳气肥的施用。

参考文献

[1] 李云平. 测土配方施肥 [M]. 北京：中国农业大学出版社，2015.

[2] 孙运甲，张立联. 测土配方施肥指导手册 [M]. 济南：山东大学出版社，2014.

[3] 崔增团，顿志恒. 测土配方施肥指南 [M]. 兰州：甘肃科学技术出版社，2014.

[4] 宋远平，田英才. 蔬菜测土配方施肥新技术 [M]. 北京：科学普及出版社，2013.